摄影技术的发展与应用研究

袁佩芬◎著

吉林大学出版社

·长春·

图书在版编目（CIP）数据

摄影技术的发展与应用研究 / 袁佩芬著 . -- 长春：
吉林大学出版社 , 2023.6
ISBN 978-7-5768-2150-5

Ⅰ . ①摄… Ⅱ . ①袁… Ⅲ . ①摄影技术—研究 Ⅳ .
① TB8

中国国家版本馆 CIP 数据核字 (2023) 第 188295 号

书　　名	摄影技术的发展与应用研究
	SHEYING JISHU DE FAZHAN YU YINGYONG YANJIU
作　　者	袁佩芬　著
策划编辑	殷丽爽
责任编辑	殷丽爽
责任校对	曲　楠
装帧设计	张　肖
出版发行	吉林大学出版社
社　　址	长春市人民大街 4059 号
邮政编码	130021
发行电话	0431-89580036/58
网　　址	http://www.jlup.com.cn
电子邮箱	jldxcbs@ sina. com
印　　刷	天津和萱印刷有限公司
开　　本	787mm×1092mm　1/16
印　　张	12
字　　数	200 千字
版　　次	2024 年 9 月　第 1 版
印　　次	2024 年 9 月　第 1 次
书　　号	ISBN 978-7-5768-2150-5
定　　价	72.00 元

作者简介

　　袁佩芬，女，中国传媒大学新闻传播学院新闻学专业，硕士研究生，浙江旅游职业学院旅行服务与管理学院专任教师，讲师，浙江省旅游协会旅游摄影分会会员。担任"现代摄影技术""旅游摄影""视频拍摄实务""短视频设计与制作"等课程主讲教师。研究方向：摄影理论、技术与发展，视频策划与创作，新媒体传播等。主要经历与成果：曾在地方电视台新闻中心任职4年，在中央电视台社教中心担任专题片编导3年，在华北科技学院人文学院新闻系担任专任教师10年，主讲"新闻摄影""电视摄像""纪录片创作》等课程。在二级期刊发表论文2篇，在四级以上期刊发表相关论文10余篇，主编教材2部，参与教材编写5部，发表专著1部。曾获中国广播电视学会全国优秀城市台新闻节目编排类一等奖，中央电视台社教中心年度优秀节目三等奖，"建行杯"第八届浙江省国际"互联网+"大学生创新创业大赛优秀指导教师。指导学生获得第七届中国国际"互联网+"大学生创新创业大赛全国银奖，第七届、第八届中国国际"互联网+"大学生创新创业大赛浙江省金奖。

前　言

　　摄影既是一门实践性很强的技术，又是一门高雅的艺术。在我国，摄影艺术在 20 世纪 80 年代还被当作是一种高消费的奢侈品。进入 21 世纪后，人们生活水平的提高及摄影科技的发展加快了摄影的普及，也激发了人们学习摄影的热情。

　　摄影能反映社会现实生活，是记录社会和自然现象的一种形象化方法；摄影能表达人们的思想感情，成为人们联系社会、交流思想和传播信息的一种视觉语言。摄影不仅能记录和再现人眼看到的美好景象，而且能探索和记录人眼看不到、看不清的宏观世界和微观世界。同时，摄影不受语言、民族、文化、交通等因素的限制，对人类的生存与发展、繁荣与昌盛，都起到了促进作用。

　　本书共分八章。第一章为摄影基础理论分析，包括摄影图像概述、摄影种类分析和功能介绍、摄影蕴含的艺术价值。第二章为摄影技术的产生及发展，包括第一张照片的诞生、摄影术的起源及银版摄影术、卡罗式摄影术分析、湿版摄影技术、从干版摄影法到胶卷时代、从胶卷时代到数码影像时代、自动曝光的诞生和自动对焦照相机。第三章为摄影技术具体分析，简要介绍了摄影器材，分析了从传统摄影到数字摄影的发展，分析了摄影曝光和摄影用光技术，简述了摄影构图。第四章为人物与肖像摄影研究，阐述了人物与肖像摄影的分类和表现手法、人物与肖像摄影在用光方面的技巧、人物与肖像摄影在影调和色调方面的技巧、人物与肖像摄影的实用方法及人像摄影经典类型分析。第五章为旅行与风光摄影探究，介绍了旅行与风光摄影的发展与流派、旅行与风光摄影所需的装备和器材、旅行与风光摄影的题材选择、旅行与风光摄影常用的方法和技巧及星空摄影技术相关阐释。第六章为美食摄影实践探索，阐述了美食摄影的基础类型、美食摄影在用光方面的技巧、美食摄影的实践方法和技巧。第七章为建筑与环境摄影简析，介绍了建筑与环境摄影的主要特征、建筑与环境摄影常用的主题、建筑与环境摄影的实用技巧。第八章为产品与广告摄影综述，介绍了产品与广告摄影概述、产品与广告摄影在布光方面的要点、产品与广告摄影在构图方面的策略、产品与广告摄影关于后期处理的主要方法。

在撰写本书的过程中，笔者得到了许多专家学者的帮助和指导，参考了大量的学术文献，在此表示真诚的感谢！本书内容系统全面，论述条理清晰、深入浅出。

限于作者水平有不足，加之时间仓促，本书难免存在一些疏漏，在此，恳请同行专家和读者朋友批评指正！

袁佩芬

2023 年 1 月

目 录

第一章 摄影基础理论分析

摄影作为近代科学和艺术相结合的产物，既是一种重要的科学和文献记录的工具，也是一种艺术创作的方法。本章内容为摄影基础理论分析，介绍了摄影图像概述、摄影种类分析和功能介绍、摄影蕴含的艺术价值。

第一节 摄影图像概述

当 1839 年摄影技术及第一台照相机诞生时，在当时只是一个小小的事件，但它却孕育了一场革命，不仅是艺术领域内的革命，而且是人类观念与思维的革命。在这之前，人们大多借助文字来思维，图像对大众来说是有限的奢侈品，而且是经过夸张与抽象脱离"真实"的奢侈品。突然有一天，人们像面对镜子一样面对客观真实的摄影图像时，它对人类心灵与思维的震撼是具有历史意义的。自此之后，处于不同时空中的人们可以看到"真实"的对方，可以以更客观的视角和思维观照和了解世界，从这个角度而言，摄影功不可没。在自然科学领域，摄影深刻地改变了论证的基础、观察和理解的方式，而成为人们便捷地记录图像的方法和工具，"摄影技术为思想、为美学研究提供了时机"①，人们不用像以前一样费力地制作标本、绘制图像，从这一领域而言，摄影是一股新鲜的血液，为这一学科领域的发展注入了活力。但在艺术领域摄影始终充当着微小的角色，大多数艺术家们看不起这种不带有丝毫主观成分且过于"真实"的图像。事实上，摄影的出现，在某种意义上真正缩短了西方传统古典主义绘画的时间，如果没有摄

---

① 莫尼克·西卡尔. 视觉工厂 [M]. 杨元良，译. 长沙：湖南文艺出版社，2001.

影对艺术家们思维的冲击，19 世纪末 20 世纪初不会出现如此大规模的、流派众多的现代艺术思潮，"摄影是绘画的一场革命"，这话一点也不假。但是摄影本身为他人做了嫁衣裳，且始终遭到漠视，相当长的历史时期里被排斥于艺术领域之外，一直以来，摄影的图像风格始终没有脱离绘画风格。为了迎合大众趣味，摄影曾极力地模仿过古典主义绘画的场景。20 世纪以来，很多摄影师受到现代派艺术思潮的影响，他们的作品中很明显地有构成主义、超现实主义及立体主义等流派影响的痕迹，如美国摄影师曼·雷（Man Ray）、菲利普·哈尔斯曼（Philippe Halsman）等。根据如上的历史信息，得出结论：摄影的出现导致了绘画的革命，间接使得现代主义艺术思潮的出现顺理成章，而 19 世纪末 20 世纪初的现代艺术思潮从实践到思想上滋养了包豪斯设计体系及现代主义设计。所以，从大的设计概念和历史的角度看，摄影与设计还有着这样一种微妙的关系。

从商业的角度看，市场才是摄影展现自身魅力的大舞台。20 世纪二三十年代是全球第一次商业高峰期，随着商业交流的日益频繁及大众传媒技术的日益发展，信息交流越来越依赖摄影提供的素材和信息，摄影也就成为设计业、出版业、传播业等不可或缺的工具。直到今日，虽然摄影仍游离于各类学科的边缘，但是这或许就是它存在的最佳方式，今天的广告宣传、信息发布、平面媒体及影视媒体出版再也离不开摄影图像。有很多人认为现在全球已进入了读图时代，笔者虽不苟同这种说法，但这也足以显示出摄影及图像是这个时代不可或缺的。理所当然，这也就为许多的摄影从业者提供了更多的商业机遇。

因此，摄影将视觉从虚渺的内部转移到光明的外部，从深处转移到表面，鼓励人们从各个领域进行实验。摄影技术促进各领域联合，导致艺术家、设计师、科学家、医生、工业家、记者、业余爱好者……都离不开摄影。结果是：新的摄影图像从医院来到设计工作室，从实验室走进美术沙龙，从图片社走进商业市场，从一个知识场进入另一个知识场，人们的思想也随着摄影图像的迁移而迁移，它成为人们生活中负责任地提供判断的依据和方法。摄影再也不能被定义为某一特定的专业范畴，再也不能被狭隘地套上"科学"或者"艺术"的枷锁，联合与包容、边缘与专业、技术与艺术应是摄影及摄影学科的最真实状态。对设计师而言，科学图像、艺术图像、工业图像都会为他们的视觉及思维提供更多元化的营养，因此设计的多元化也就拥有了更为深厚的基础。

第二节　摄影种类分析和功能介绍

一、摄影的种类

摄影的普及使摄影在各行各业中应用得非常广泛，为了使大家对摄影种类有初步的了解，现将摄影种类大致概括如下。

（一）写实摄影

1. 自然和物的摄影

自然和物的摄影可分为旅行与风光摄影、动植物摄影、产品摄影、科技摄影。

2. 社会和人的摄影

社会和人的摄影可分为生活摄影、商业摄影、民俗风情摄影、新闻摄影、纪实摄影、体育摄影、舞台摄影。

（二）艺术摄影

艺术摄影可分为人体艺术摄影、故事创作摄影、散文摄影。

二、摄影的功能

摄影作品包括电影、电视创作和图片摄影（静帧）。摄影作品捕捉、呈现自然界和人类生活最美好的画面。摄影具有审美价值，优秀的图片符合美学的规律和人们的审美要求，能激发人的美感，带给人美的享受和艺术乐趣。摄影的审美价值不只是来自影展，美的摄影作品也常常被印制成大幅图片用来装饰建筑环境，供给更大范围的人群欣赏，对公众也是一种审美教育。

摄影不仅能客观地记录，而且是一种主观的表达。摄影师通过照片上呈现的构图、角度、光线及瞬间的选择（内容）倾诉其内心世界。很多摄影图片虽然不直接表达主观思想，但是体现了摄影师对形式美感的纯粹认识，影像融入了摄影师的满腔热情，画面蕴藏了深厚的内涵，引得观者反复回味。

摄影的功能即摄影的用途，学习摄影的意义有以下几点。

（一）记录功能

相比绘画或文字，摄影照片能够更快速、准确、全面、客观地记录人眼看到的一切形象，还能记录人眼看不到或看不清的事物，成为人们的共同记忆和珍贵收藏，作为人类历史的文献、档案、资料、素材，甚至是证据等保存下来。

（二）认识功能

摄影术拓展了信息传输的渠道，如书籍印刷、新闻宣传、海报广告、橱窗展示等。由记录而转化的认识功能，借助现代高科技的信息传输方法变得更加强大。影像已成为人类获取外部信息的最主要方法之一。

（三）审美功能

唯美的、风格独特的或意境深远的摄影作品值得人们欣赏，让人们享受美感，这是摄影非常重要的功能。

（四）教育功能

摄影的认识功能和审美功能同时也起到了对人类的教育作用。借助影像强大的视觉效果，现在的教育方法越来越注重直观教学、多媒体教学。借助影像与信息传输技术的结合，远程教学为交通不便的地区提供了更多、更好的学习平台，实现了资源共享。

（五）装饰功能

摄影照片作为建筑的附加装饰，能够美化人类的生活环境，大量的摄影作品被用于装饰汽车站和地铁站、飞机场、影剧院、医院等公共空间。

（六）表达功能

借助行为艺术摄影，可以传达创作者的观念；照片也可以作为设计表达的方法；影视和平面广告几乎充满了摄影画面；而电影、电视等更是利用摄影技术进行作品创作。

（七）娱乐功能

影像使电子游戏更加身临其境；旅行摄影是发烧友们的最爱；利用电脑自己

设计制作相册，让业余生活更丰富有趣；而工艺精良、材料讲究、功能优异、历史厚重的照相机，也是收藏者、投资者不错的选择，珍贵的古董相机不仅能保值，还能升值。

（八）健康功能

欣赏照片的审美过程使人心情愉悦，旅行摄影的拍照过程更能强身健体。特别对于业余摄影爱好者来说，拍照过程以徒步慢走为主，拍照环境又多为景色宜人、空气清新的户外，在赏心悦目的同时不知不觉地锻炼了身体。

第三节　摄影蕴含的艺术价值

摄影成像原理是一种自然现象，也是人类自身携带的一种生物本能。对这一原理的发现和利用，改变了人类的生活方式，帮助人类实现了很多远古的理想与梦想，与现代生活息息相关，难解难分。试想，现代都市人的生活，哪一天离得开电视和电脑呢？这都得益于摄影术的发明。

一、图像的力量

图像的视觉效果是文字无法代替的，其接收时间短、信息量大、视觉冲击力强。

21世纪是数码时代、信息时代，也是"读图时代"。每个人都应该学习一种很容易被掌握的技术和艺术，摄影就是其中之一。

二、摄影术诞生的价值

①使人类历史发展和社会生活方方面面的情节有了最简单、最快捷的视觉记录方式，这些通过视觉阅读的"记录"是人类无比珍贵的财富。

②18—19世纪欧洲的科技发展催生了摄影术的发明，摄影术的发明再一次改进了印刷术，照相制版的四色印刷技术代替了传统的雕版印刷和活字印刷术，使知识和信息的传播速度爆炸性地呈几何级增长，进而促进了教育的发展，提高

了全世界人民的文化知识水平，客观上又为现代科学技术的快速发展提供了动力。

③摄影画面"在二维平面上的虚幻三维特性"使人类有机会演绎其想象和梦境，表达人类在其精神和灵性层面上对世界的认知和创造，这就是电影梦工厂的神奇和魔力。

④科技摄影被广泛地应用于天文、航天、军事、地质勘探、交通、医学、农业、救灾等领域，现代高科技的精华——太空望远镜、显微镜与数码摄影技术的结合，使人类真正拥有了"千里眼"，可以从宏观和微观世界探知宇宙的奥秘。

三、摄影是最容易普及的艺术

摄影是最容易普及的艺术，这是因为摄影好学！如果使用全自动照相机或手机拍摄，那真是分分钟就学会了，全自动照相机（俗称"傻瓜"相机）的诞生和趋于完美，使摄影的技术变得越来越简单和容易被掌握。

摄影家茹遂初说过，摄影难就难在它太容易了！

虽然学习摄影的门槛比较低，但是要想真正学好、学精，拍出好的作品来，是需要重视和提高作品的艺术含量、下一番功夫进行创作实践的。

好在摄影不需要从小学起，任何年龄都可以从头开始学。

第二章　摄影技术的产生及发展

本章内容为摄影技术的产生及发展，介绍了第一张照片的诞生、摄影术的起源及银版摄影术、卡罗式摄影术分析、湿版摄影技术、从干版摄影法到胶卷时代、从胶卷时代到数码影像时代、自动曝光的诞生和自动对焦照相机。

第一节　第一张照片的诞生

摄影技术的发展史，最早可以追溯到影像的发展史。需要注意的是，"影像"（image）的概念与"图像"（picture）不同。尽管在英文里 image 与 picture 的区别很多，但是书中的"影像"是特指通过光学系统所呈现的自然影像。

早在远古时代，人们对光的直线传播和小孔成像就有了初步的认识。我国的影像史最早可以追溯到公元前，古代墨家学派的代表人物墨子（名翟），他是世界上最早发现小孔成像现象的人。他在一间黑暗屋子的墙壁上开一个小孔，屋外小孔前方的人物影像就倒立地呈现在小孔对面的墙壁上。墨翟不仅发现了小孔成像现象，而且由此认识到光是沿直线传播的，如图 2-1 所示。

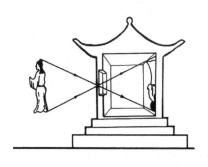

图 2-1　墨子发现的小孔成像现象

在西方，公元前 350 年，亚里士多德在其所著的 *Problemata* 中首次提到了针孔镜箱的原理。直到公元 11 世纪，阿尔哈森（Alhazen）才就针孔镜箱的应用和反射定律的原理作了论述，这比墨子的论述晚了近 1 500 年，如图 2-2 所示。

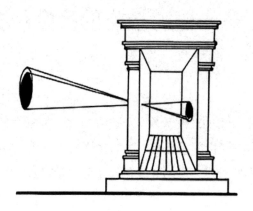

图 2-2　西方 15 世纪的小孔成像现象记录

到了 16 世纪后半叶，人们开始在一个全黑的房间墙壁上打孔并装上凸透镜，然后从另一侧的墙壁上欣赏室外的彩色景物。这些在当时被称作"暗室"的房子，主要设在公共场所或建在公园里，供游人观赏。有些画家开始利用这些暗室进行绘画创作。从 17 世纪开始，绘画用的暗室制作得越来越小，可以外出携带，后来逐渐发展成为可以方便地放在桌子上的"暗箱"。这些小型的装有凸透镜的"暗箱"被艺术家们用作绘画的辅助工具。这时暗箱的大小和外观已经和后来发展起来的最初的照相机非常接近了。

但是从暗室开始出现到发展成为暗箱的过程中，人们一直在为怎样把凸透镜所成的影像固定下来而绞尽脑汁，却始终没有找到一种有效的方法。

19 世纪初，一位英国陶瓷工人的儿子 T. 韦奇伍德尝试将不透明的树叶放在涂有硝酸银的皮革上，然后在阳光下曝晒，当取下树叶时，皮革上已"曝光"的部分变黑，而未"曝光"的部分便留下了树叶的白色印记。他把这种作图方法称作"阳光画"。但是他的实验最终还是失败了，因为韦奇伍德没有办法防止原来在树叶的遮盖下未曝光的皮革继续曝光（相当于现代摄影术的"定影"），最终整个皮革全部变黑了。

世界摄影史上保存下来的最早的一张照片，是由法国人约瑟夫·尼塞福尔·

涅普斯（Joseph Nicéphore Nièpce）拍摄的。它的原理是基于约翰·亨里奇·舒尔兹（Johann Heinrich Schulze）1724 年的发现：在光作用下硝酸银和白垩的混合剂会变黑。白垩是一种微细的碳酸钙的沉积物，主要由亿万年以前单细胞浮游生物球藻的遗骸构成。白垩分布在西欧的白垩纪的地层，"白垩纪"一名即由白垩而来。涅普斯和达盖尔改善了这个过程。

　　1826 年，涅普斯将巴黎光学仪器商夏尔·雪弗莱（Charles Chevalier）制作的"照相机"（即光学暗箱）对准了他自己工作室窗口外的一个鸽子棚。他在暗箱内放了一块铅锡合金板，板上涂有油溶的白沥青，整整曝光了 8 小时才得到一幅照片。这幅被命名为《鸽子棚》的照片被永久地保存了下来。涅普斯的摄影方法被称作"阳光摄影法"。由于他拒绝公开其全部研究成果，因而他的发明未获得世界承认。

第二节　摄影术的起源及银版摄影术

　　现代公认的摄影术是在 1839 年诞生的。它的发明人是法国人路易·雅克·曼德·达盖尔（Louis-Jacques-Mandé Daguerre）。达盖尔是一名法国发明家、艺术家和化学家。他原来是一名舞台背景画家，很早就与涅普斯进行过合作。在涅普斯的摄影术发明后不久，达盖尔开始尝试以银盐作为感光材料。

　　达盖尔首先在一块抛光的铜版上镀上一层银，再把附着银的铜版浸入硝酸溶液中，使其表面形成一层硝酸银，然后把带有硝酸银的铜版放在碘蒸气上熏蒸，使其表面形成碘化银。这种附着了碘化银的铜版被放在照相机里曝光数分钟到数十分钟，使镀银铜版的表面形成潜影，再把已曝光的铜版放在水银蒸气上熏蒸，在 75℃ 的温度下，水银就附着在已曝光的碘化银上了（此过程相当于显影）。此时用硫代硫酸钠固定影像，后来改为氯化钠溶液（即食盐水），再后来又改为硫代硫酸钠水固定影像（相当于定影）。最后用蒸馏水洗净药液，这样一幅"银版"照片就制成了。达盖尔把他的摄影术称作"银版摄影术"。

　　1839 年，达盖尔对外界宣布他的摄影方法最终完美化了。同年 8 月 19 日，法国政府向达盖尔征购了他的专利，同时向世界宣布这项发明是一个"对全世界自由的礼物"，这宣告了摄影术的诞生。人们为了纪念达盖尔，把他的摄影方法称作"达盖尔摄影术"。直到今天,人们使用的摄影方法仍然是在达盖尔银版摄影术的基础上发展而来的。

达盖尔所用的照相机就是一个木制暗箱,前面有一个镜头,后面有一块活动插板,插上磨砂玻璃可以取景,换上银版就可以照相。当时相机镜头的光圈很小,大约相当于1∶15,感光板的灵敏度也很低,所以曝光时间非常长,只能拍摄静物。如果要拍人像,需要用一种特殊的卡子将头部和颈部固定,眼睛一动不动地坐上20~30min。图2-3是达盖尔使用过的木制相机。

图2-3 达盖尔使用过的木制相机

如图2-4所示,是达盖尔1839年初在巴黎拍的,题目是《巴黎寺院街》,是第一张拍到人的照片。照片曝光长达15min,因此虽然当时街道上有很多车辆和行人,但是因为长时间的曝光,他们都已经被虚化成"透明"的了。只有两个人——一个擦鞋匠和一个擦皮鞋的顾客,由于长时间的静止被记录在了照片上。

图2-4 《巴黎寺院街》,达盖尔摄影

达盖尔的摄影方法有一个致命的弱点，就是由于它是直接成像在银版上的，所以根据凸透镜的成像原理，它的影像是左右相反的。而且由于达盖尔摄影术没有底片，所以他的影像不能复制，一次只能获得一张照片。这两个问题被另一位英国科学家塔尔博特同时解决了。

第三节　卡罗式摄影术分析

就在达盖尔研究摄影过程的同时，英国科学家威廉·亨利·福克斯·塔尔博特（William Henry Fox Talbot）（如图 2-5 所示）也正在研究另一种记录影像的方法，这种方法被称作"卡罗式摄影术"。其实达盖尔和塔尔博特在研究感光材料的时候，就已经预感到他们的发明将会引起划时代的革命，会对整个科学界和艺术界产生巨大的影响。

图 2-5　发明家威廉·亨利·福克斯·塔尔博特

塔尔博特是底片的开创人，他开创了从负片到正片的时代。1835 年，塔尔博特开始试用涂有氯化银或硝酸银的图纸作为感光材料，在照相机里拍成负像，然后再利用日光把负像印制成正像。他把自己的摄影方法称作"卡罗式摄影法"。

卡罗式摄影法所用的感光材料，无论从片基上还是感光卤化银的形成上，都与达盖尔摄影法不同。他用强度较高的纸基做感光剂的载体。拍摄前，先将纸浸于氯化钠溶液中，然后晾干，再用浓硝酸银溶液浸泡，使纸基上的氯化钠与硝酸银充分发生化学反应，生成具有感光作用的氯化银。

它的化学原理是 $NaCl + AgNO_3 = AgCl + NaNO_3$。

然后将这张经过在黑暗处晾干的可感光的纸放入照相机中进行拍摄，曝光后，再用氯化钠溶液定影，便得到一幅明暗与实物相反的负片。将这张负片与另一张未经过曝光的感光纸叠放，经过充分的曝光后再经定影即可得到一张黑白照片，照片的明暗和被摄者的方向都和实物相同。图 2-6 为塔尔博特的作品。

图 2-6 《窗外》，塔尔博特摄影

整个 19 世纪 40 年代，达盖尔式摄影法和卡罗式摄影法并存，而且互相竞争。在多数摄影爱好者中享有盛誉的，还是达盖尔式摄影法。因为人们普遍认为，一幅银版的肖像照片要比纸介质的照片更珍贵，也更容易保存。

达盖尔摄影术的发明，促进了 19 世纪中叶欧洲工业、科技和旅游业的发展，也促进了艺术的发展。首先，达盖尔的摄影术刺激了旅游业的发展。伴随着蒸汽机车的不断改进，每个人都想去旅游，并希望把遥远地方的美丽景色拍成真实照片带回来。可以说摄影的普及刺激了旅游业，而旅游业的发展反过来又促进了摄影的普及。人们都希望能够拍摄到更好、更美的照片。但同时人们发现，达盖尔的摄影方法并不利于摄影的普及。达盖尔摄影术需要镀银的金属板，价格昂贵，制作困难，大部分人都不能掌握它，只有具备一定化学知识的爱好者才有兴趣研究它，也才有可能触及它。而这时卡罗式摄影法就成了比较好的选择，成为一些高水平的业余摄影爱好者和专业摄影师使用的方法。

此时，由于照片可以像绘画一样，用来制版或做成木刻，印在书刊上，一些政府部门和医院便开始使用达盖尔摄影法作为记录的手段。

第四节　湿版摄影技术

在整个摄影的发展历程中，玻璃的使用是一次划时代的技术革命。其实早在1822 年，涅普斯就已经成功地将影像固定在玻璃上，他当时称其为"日光绘画"。1827 年，涅普斯开始拍摄家庭庭院照片，时间仍然是长达 8 小时，此时达盖尔经常和涅普斯联系，交流技术经验。涅普斯去世后，他的儿子还经常跟达盖尔合作，共同实验。1848 年，涅普斯的堂兄弟开始尝试用蛋清做黏接剂，他在玻璃上涂上蛋清再加上硝酸银和碘化钾，拍摄出了影纹细腻的玻璃底片。这一尝试被后人称作"巨人的步伐"。到了 1851 年，也正是达盖尔逝世的那一年，塔尔博特的卡罗式摄影术得到了更大的完善，其玻璃负版可以复制无限多清晰的照片。玻璃制版技术的发展使得达盖尔摄影法很快过时并逐步被人们遗忘。

从此人们开始了在玻璃上曝光的实验。1851 年，英国雕塑家弗雷德里克·斯科特·阿切尔（Frdeerick Scott Archer）开始尝试使用一种名为"火棉胶"的黏性液体，把感光药品涂布在玻璃板上，用来改进摄影的影纹质量。火棉胶是很好的胶合剂，阿切尔将火棉胶和感光化学药品的混合液涂于玻璃板上，进行拍摄。他首先要对涂有混合液的玻璃板进行光敏化，提高它的感光灵敏度（相当于现在的感光度），然后将湿的玻璃板装入照相机中进行曝光，曝光后立即进行显影、定影和水洗。这个方法要求火棉胶负片必须很快做好并立即使用。因此，阿切尔的摄影方法被命名为"湿版摄影法"，因为火棉胶干了以后就不再感光了，而且湿版摄影法的曝光时间大约为 15min。虽然比银版摄影术有了很大提高，但是曝光时间仍然相对较长。

由于湿版摄影外出需要携带的设备非常多，加上拍摄前期和后期需要做的处理非常复杂，使得没有化学基础、没有科学实践经验的人无法进行操作，这给摄影的普及带来了极大的障碍，普通的摄影爱好者无法掌握这门摄影技术。

湿版摄影法对于感光乳剂的配置、对于感光材料的冲洗和照片的印制都要求较高。

第五节　从干版摄影法到胶卷时代

在很长的一段时间里，人们都在寻找一种使感光材料在干燥以后仍可以正常拍摄的方法。1871 年，英国医生理查德·利奇·马多克斯（Richard Leach Maddox）发明了用明胶加溴化银的摄影方法。明胶不必进行光敏化，它本身就有增进感光的作用，并且易于显影和定影，适于冲洗加工。将明胶和溴化银乳剂配制好，趁热涂在玻璃上，干燥后，化学药品不会从明胶中结晶析出。马多克斯的方法被称作"干版摄影法"。

1877 年，英国人查尔斯·贝内特（Charles Bennett）发现把溴量过剩的乳剂延长加热时间，乳剂的感光度就会大大提高。这样制得的明胶乳剂干版，曝光时间缩短到了 1/25s。有了干版，感光材料的制备和使用就可以分开进行了。

19 世纪 70 年代中期，用明胶卤化银生产的干版和印相纸已经开始商品化，摄影师不必再自己动手配制和涂布感光材料，可以购买加工好的明胶干版和相纸直接进行摄影。这一项技术革命极大地促进了摄影的普及。这意味着，摄影术已经步入了商品时代。明胶的发现和使用意味着现代摄影的开端。

19 世纪 80 年代，一位对世界摄影史有卓越贡献的人物出现了，他就是美国的摄影爱好者、柯达公司的创始人乔治·伊斯曼（George Eastman）。1880 年，26 岁的银行职员伊斯曼在纽约州的罗彻斯特市租了一间小阁楼，开设了伊斯曼干版公司，这就是柯达公司的前身。乔治·伊斯曼的贡献之一是把玻璃干版改制成了胶片，进而改进成了胶卷。

1888 年，伊斯曼公司成功制造了第一台"柯达"照相机，从此，伊斯曼公司正式被命名为"柯达·伊斯曼"（Kodak Eastman）。伊斯曼之所以用"柯达"（Kodak）作为产品名称，主要是因为"柯达"的发音响亮，易于拼写、识别和记忆。而且几乎在欧洲所有的语种（包括德语、法语、西班牙语、意大利语）里，Kodak 的发音都非常接近。

伊斯曼当时提出一个口号："你只管按快门，剩下的事情由我们来做。"这句口号在摄影界响彻了近百年。柯达公司制造了世界上第一台便携式照相机，被称作"柯达1号"（如图2-7所示）。这种相机的镜头固定焦距，口径为1：9，快门速度为1/25秒，内部事先装好了胶卷，可连续拍100张照片。摄影师只要把摄影机对准被摄体，按动快门曝光，然后把相机连胶卷一起送回公司，便可在几天后拿到所拍的照片（如图2-8所示）。而柯达不仅从消费者手中赚取了销售胶卷的利润，还收取售后服务费用，包括冲洗胶卷和印制照片。也正是这种便捷的服务，使得摄影向大众化方面迈出了重要的一步。

图2-7　装有胶卷的柯达1号相机

图2-8　早期的柯达相机拍摄的圆形照片

到 19 世纪 90 年代，折叠式相机成了当时相机的主流。带皮腔、镜头可伸缩的照相机非常流行。这使得相机向小型化、轻便化发展方向迈出了一大步。

进入 20 世纪，科学技术的迅速发展和社会化大生产的出现，对相机提出了统一化、标准化的要求。1900 年，世界各国的照相机生产厂家在法国巴黎召开国际会议，对镜头光圈数作了统一的规定，提出了如下标准系列：$f/1$、$f/1.4$、$f/2$、$f/2.8$、$f/4$、$f/5.6$、$f/8$、$f/11$、$f/16$、$f/22$、$f/32$。这对后来相机的发展起到了很好的协调和促进作用。

到了 20 世纪初，基于银盐摄影术的发展，照相机工业、感光材料业、摄影服务业、电影制造工业都相继发展起来，同时也带动了交通和旅游业的发展。

1914 年，德国人奥斯卡·巴纳克（Oskar Barnack）设计了一个用 35mm 电影胶片拍摄 24mm×36mm 画面的小型相机。1924 年，光学仪器公司老板恩斯特·徕兹（Ernst Leitz）博士独具慧眼，决定投资生产经过改进后的巴纳克相机，并将他的名字 Leitz 的前三个字母和相机 "camera" 的头两个字母组合，给相机取名 "Leica"。这便成为世界上第一款制作精良的小型相机。这种 35mm 相机一经面市便受到了摄影界的极大欢迎，并迅速风行全世界。到 1934 年，柯达的德国子公司也生产了使用同样规格胶片的小型相机，柯达公司按其 3 位数命名规则，给这种相机使用的胶卷定为 "135"。从此，"135" 这个名称便被摄影界所接受。

1928 年，德国弗兰克和海得克公司生产出 "禄来福来"（Rolleiflex）相机，开始使用一种新规格的 120 胶卷。这种胶卷的宽度为 60mm，每一卷可以拍摄 6cm×6cm 画幅底片 12 张。这种照相机用胶卷 "rollfilm" 和反光 "reflex" 两个词组合而得名，意为使用 120 规格胶卷、利用反光取景的相机，这是世界上第一台双镜头反光的 120 相机。1948 年，瑞典维克多·哈苏公司开始生产一种使用 120 胶卷的单镜头反光相机。与禄来福来相机相比，它有一个显著的改进：可迅速更换摄影镜头和摄影后背。作为回应，禄来福来相机后来也开始制造单镜头反光相机。

第六节　从胶卷时代到数码影像时代

世界上的第一张照片是 1826 年由法国人涅普斯拍摄的，而摄影术的诞生是以 1839 年法国人达盖尔发明银版摄影术为开端的。从 1839 年至今的 180 多年里，有 150 多年人们一直沿用的是以卤化银为感光材料的摄影技术。然而，达盖尔开创的摄影术，在 20 世纪末受到了来自计算机领域的，足以威胁到其生死存亡的严峻挑战，这就是数码摄影技术的诞生，它引发了一场摄影领域的划时代革命。人类从 19 世纪初开始的摄影尝试，终于在 21 世纪到来之前发生了质的飞跃。

传统银盐影像是利用卤化银的感光特性，使通过镜头的光线射到感光胶片上形成潜影，再通过暗房加工的光学和化学的方法，将潜影显现出来成为正像或负像。而数码影像技术是利用一种称作图像传感器的器件，将镜头所成影像的光信号转化成电信号，这种有强有弱的连续电信号被称作"模拟信号"，再把这种模拟信号通过一种模数转换器转化成计算机可以识别的数字信号记录下来。现在多数的图像传感器都可以直接将光信号转化成数字信号。最后通过计算机和其他专用设备，将这些数字信号还原成光信号，把影像再现出来。这种成像技术被称作固体影像传感技术，也就是数码影像技术。

数码影像系统从拍摄到制作少了好几个中间环节。这样不仅节省了大量设备投资、材料与药品消耗，而且减少了很多技术环节可能产生的质量问题，使最终产品更有保障。如果只是用显示器观看作品，还可以减少打印机、打印纸和墨盒等的投资。

现代数码技术还可以和传统银盐技术结合起来使用，即用传统照相机拍摄的底片和照片也可以通过专用胶片扫描仪和图片扫描仪存入计算机，等需要时打印成数码影像照片。

第七节　自动曝光的诞生和自动对焦照相机

摄影发展到一定的阶段，拍摄时应该主要解决的技术问题只有两个：一是，正确曝光；二是，准确对焦。以前，这两件事都是由人工操作完成的。到了20世纪60年代，照相机的设计和制造者们开始研究怎样解决这两项技术的自动化问题。

最先解决的是自动曝光问题。1969年，日本雅西卡司公司推出的"雅西卡E35"照相机是第一部实现自动曝光的相机，拍摄时先由摄影师选定光圈，再让照相机的电子芯片根据测光元件提供的数据，直接驱动电子快门完成自动曝光。这种方式后来被称作"光圈先决式自动曝光"。而1973年，日本"柯尼卡SLR"相机开始使用"快门先决式自动曝光"。它是由使用者自行设置快门，照相机的测光系统提供准确的测光信息，并驱动光圈的大小，实现准确的曝光。

1978年，佳能A-1相机开了"程序式自动曝光"的先河。相机的光圈和快门以一定的程序组合，根据测光表提供的测光值，按相机内已设定的程序，自动选取一组光圈和快门组合。这样不需要任何人工操作，就可达到正确曝光的目的。后来的"傻瓜"相机大多是采用这种曝光方式。

自动曝光问题解决后，自动对焦就成了相机设计和制造者需要着重考虑的问题了。1977年，小西六公司捷足先登，设计生产了第一款双像对称光电自动对焦相机"柯尼卡C35 AF"；1978年，美国宝丽来公司研制出了超声波自动对焦一次成像相机"宝丽来SX-70"；1979年，佳能公司成功地研发出了采用红外线自动对焦技术的自动对焦相机"佳能AF35M"，它的优点是在任何光照条件下都能工作。到20世纪90年代，几乎所有高级相机都具备自动曝光和自动对焦的功能。

1983年，由柯达公司倡议，以美国国家标准ANSIPH1·14—1983发布的DX编码系统在135胶卷和相机上使用，在相机的自动化进程中，这是又一重大技术进步。在全国摄影器材制造商协会（简称NAPM）的统一管理下，系统发布不久，受理了包括我国在内的各个胶片厂商的申请和注册。其中，印制在胶卷暗盒上的一组12块黑白相间的块形码，通过绝缘与导电性能表示胶卷的张数、曝光宽容度和感光度三项内容。随后，各大相机生产厂家都生产出了能够识别DX

编码系统的配套照相机产品，照相机通过电触点识别胶卷的感光度而执行自动曝光，把相机的自动化水平推向了更加完美的程度。

20世纪70年代末到20世纪80年代初，由于电子技术和微电脑的发展，带内藏闪光灯的轻便型智能照相机开始面世。这种照相机因为自动曝光、自动对焦和功能齐全，被称作"傻瓜相机"，意思是"即使傻瓜也能够使用"。这种相机由于镜头焦距很短，光圈很小，所以景深范围很大，很容易拍摄到清晰的画面。"傻瓜相机"广泛使用塑料机身，由于成本降低，价格大幅度下降，使摄影得到了空前的普及。

1986年，富士首先推出"快照110"型一次性使用的照相机。这种照相机在纸质的照相机外壳内带有简单的照相机镜头和胶卷传动机构，机内装有固定的不可拆卸的胶卷。它也被称作"一次性相机"，拍照之后送到冲洗店去冲洗，冲洗的同时要拆开照相机，因此照相机也就作废了。到1994年，全世界一次性相机的销售量累计近1亿台。

20世纪70年代，照相机、镜头、摄影器材、感光材料都已发展到一个相当高的水平。在这个时候，一种新兴的摄影技术开始孕育，即数码摄影技术。随着计算机技术的发展，20世纪后期开始应用数码摄影技术，该技术一经诞生就显现出了旺盛的生命力，并开始动摇达盖尔开创的以银盐摄影术为基础的传统摄影技术的主导地位。

现代社会进入了数字化时代，随着图片处理数字化、传递通信方式卫星化的发展，摄影进入新的发展阶段。尤其在中国，数码相机在摄影中的应用正处于飞速发展的时期，摄影正充分依托数字化的强大优势，在信息传播领域发挥新的重要作用。

第三章　摄影技术具体分析

摄影能传播文化艺术和科学知识，广泛地运用于科学、文化、教育和艺术等方面。本章内容为摄影技术具体分析，简要介绍了摄影器材，分析了从传统摄影到数字摄影的发展，分析了摄影曝光和摄影用光技术，简述了摄影构图。

第一节　摄影器材简要介绍

要完成摄影，最基本的外部条件是照相机、感光胶片（或磁盘）和合适的照明度。摄影成像质量的优劣主要是由照相机决定的，所以说照相机是摄影器材中的必要设备。可以把照相机分为传统照相机和数码照相机两大类，本节将以传统相机为例，介绍照相机的一些相关知识。

一、照相机简介

（一）照相机的结构与工作原理

一架照相机无论是简单的还是复杂的，都可以用一个很简单的示意图来表示（如图 3-3 所示）。它包括机身、镜头和快门等，传统相机在使用时还要加装胶片。照相机工作时，镜头把被摄景物成像在胶片位置上，通过控制快门，使胶片感光并记录影像，完成拍照过程。已曝光的胶片经过冲洗，便可再现被摄景物的影像，因此，照相机的工作过程就是照相机通过光学、化学作用把影像记录下来的过程。其中，镜头捕捉影像，光圈和快门准确控制曝光量，胶片记录被摄景物影像。

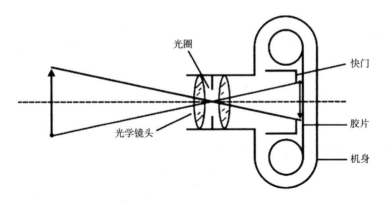

图 3-1　照相机工作原理

实际上，照相机的构造要复杂得多，普通照相机一般由机械、光学、电子装置三大部分组成。其机械部分主要包括机身、快门、闪光联动机构、快门上弦机构、卷片机构、计数机构、收缩光圈机构等；光学部分包括摄影镜头、取景器、调焦验证机构；电子部分包括测光和显示系统、电子快门、自动调焦系统。

（二）照相机的分类

由于照相机品牌和型号繁多，技术性能和用途方面差异很大，因此可以对照相机进行多种分类，如按胶片的尺度分类、按用途分类、按取景方式分类、按快门分类等。摄影界大多习惯按画幅尺寸的大小将照相机分类，常规分类为大型照相机、中型照相机、小型照相机、超小型照相机四大类。

1. 大型照相机

所摄胶片画幅尺寸为 6cm×9cm 以上的照相机，称作大型照相机。通常在专业摄影工作室中使用的大底片座机即属于大型照相机，照相座机的主体结构部分可以各自调整，并能相互配合，可以适应各种拍摄主题的需要。

大型照相机一般使用散页片拍摄，规格有：4 英寸 ×5 英寸、5 英寸 ×7 英寸和 8 英寸 ×10 英寸（1 英寸 =2.54cm）等。这几种底片的片盒通常一次只能在正、反面各装一张胶片。当使用特制的胶片盒时，也可以拍摄 120 胶片。

由于大型相机可利用前、后机座的摆动，平移的宽广幅度拍出明锐的影像，并对透视和景深进行控制，以及利用这些性能得到特殊的影像效果，因此它不但适用于精致、高要求的风景、建筑、人像等摄影，而且尤其适合广告摄影。

2. 中型照相机

使用 120 胶卷，所摄画幅尺寸为 6cm×6cm、6cm×7cm、6cm×4.5cm 的 120 照相机，称作中型照相机。

中型照相机按取景方式分类，常见的有单镜头反光取景式 120 照相机和双镜头反光取景式 120 照相机。

（1）单镜头反光取景式 120 照相机

这类照相机在摄影镜头与感光胶片之间，有一与摄影镜头光学主轴成 45 度角的反光镜。取景与摄影使用同一镜头。取景时由被摄景物投影来的光线，经摄影镜头会聚和反光镜反射后，在照相机上方的调焦屏上结成影像，这种照相机没有取景视差，取景器中影像尺寸大、清晰、明亮，单镜头反光镜式中型照相机一般为高、中档专业照相机。

（2）双镜头反光取景式 120 照相机

双镜头反光取景式 120 照相机在摄影镜头上方有一取景镜头，两镜头直径相似，取景镜头后方有一块成 45 度夹角的反光镜，取景镜头与摄影镜头的主轴平行，调焦时取景镜头与摄影镜头同步伸缩。这种相机体积较大，使用功用单一，所以当下世界上已经很少有商家再生产双镜头反光取景式 120 照相机了。

3. 小型照相机

使用 135 胶卷，所摄画幅尺寸为 24mm×36mm、24mm×18mm 的 135 照相机，称作小型照相机。

小型照相机按取景方式分类，主要有下列几种。

（1）单镜头反光取景式 135 照相机

单镜头反光取景式 135 照相机的摄影镜头兼作取景物镜，在摄影镜头与胶片之间有一与光学主轴成 45 度角的反光镜，取景影像通过反光镜显示在机身上方的调焦屏上，摄影师通过取景目镜和屋脊式五棱镜观察该取景影像，因而取景无视差，取景影像较大，也较清晰、明亮。该相机体积较小，易于携带，摄影镜头可迅速更换，且有几十种镜头可供选择，是摄影记者的首选相机。

（2）平视旁轴取景式 135 相机

平视旁轴取景式 135 相机一般具有独立的取景物镜，取景光轴与摄影光轴平行，取景影像较明亮，但放大率较小，不便仔细观察，有取景视差存在。由于没有五棱镜和反光镜，因此照相机体积较单镜头反光式 135 照相机更小，也更便于携带。基于便携性需求，此类普及型大众相机的摄影镜头一般不可更换，但部分专业级平视旁轴取景相机镜头也可更换，如徕卡 M 型系列相机。

常见平视旁轴取景式 135 照相机，主要有普通手控曝光照相机、带旁轴测光的手控曝光照相机和自动曝光照相机三种。

普通手控曝光照相机的正确曝光，由摄影师根据经验进行估计和选择，这类照相机多数采用镜间快门，由于可选的快门挡数和光圈级数较多，深受业余摄影师喜爱。自动曝光照相机俗称"傻瓜"相机，因自动化程度很高，即使没有摄影经验的人使用这种相机也可得到曝光适宜、影像清晰的照片。

4. 超小型照相机

超小型照相机有 110 照相机、16mm 照相机等类型，110 照相机是一种专用暗盒照相机，画幅尺寸为 13mm×17mm，相机上有内装闪光灯，外形小巧，易于携带，是专供拍摄纪念照用的超小型照相机。

超小型照相机因胶片来源困难，使用率不高，已逐渐被淘汰。

由于篇幅关系，照相机其他分类方式不再介绍。

二、摄影镜头

照相机是摄影的基本工具，而摄影镜头则是照相机成像的关键部件。一架照相机拍摄效果的优劣，很大程度上取决于摄影镜头的性能。

（一）镜头的性能

摄影镜头的技术特性是评价和选择镜头的主要依据。

1. 镜头的焦距

镜头的焦距是指无限远处的景物在焦平面上结成清晰影像时，透镜的光学中心到焦平面的垂直距离，也就是镜头中心到胶片平面的距离。摄影镜头的焦距用 f 表示，单位一般为 mm，通常镜头的焦距值标示在镜头筒前面的外圈上。例如，当标有 f=50 时，就表示该镜头的焦距为 50mm。

按照镜头的焦距与所用摄影胶片画幅对角线长度的比值关系，摄影镜头通常可划分为标准镜头、广角镜头和长焦距镜头三种类型。一般将镜头焦距接近胶片画幅对角线长度的摄影镜头称作标准镜头，比标准镜头焦距短的镜头称作广角镜头，比标准镜头焦距长的镜头称作长焦镜头。例如，普通 135 型相机的胶片画幅尺寸为 24mm×36mm，其对角长约为 43mm，故一般把焦距为 50mm 左右的镜头称作 135 型相机的标准镜头；120 型相机的画幅尺寸分为 60mm×45mm、60mm×60mm、60mm×70mm、60mm×90mm、60mm×120mm 几种规格，其对应对角线长分别约为 73mm、81mm、90mm、100mm、125mm，因此一般把焦距为 80mm、90mm、100mm、115mm、145mm 的镜头分别称作对应上述不同画幅 120 相机的标准镜头。

在 135 型相机中，小于标准镜头焦距的镜头如 35mm、28mm、16mm 等焦距镜头为广角镜头，大于标准镜头焦距的摄影镜头如 135mm、200mm、300mm 等焦距镜头为长焦镜头。现代相机的镜头焦距变化范围已经最短至 7.5mm 以下，最长至 2 000mm 以上。针对同样的被摄物体，对画幅相同的相机来说，焦距变化所带来的成像效果主要表现在两方面：一是焦距与镜头的视角成反比；二是焦距与画面的景深效果成反比。镜头的焦距越长，镜头的视角越小，画面拍摄范围越小，画面影像的清晰范围也越小，即景深越小；反之，镜头的焦距越短，镜头的视角越大，画面的景深范围也越大。

2. 镜头的口径

镜头的口径是决定镜头通光能力的重要指标，它对摄影曝光影响很大。镜头口径与通光量和影像的明亮程度成正比。口径面积越大，镜头通光能力越强；反之，口径面积越小，镜头通光能力越弱。摄影镜头的口径可分为有效口径和相对口径。

（1）有效口径

镜头的有效口径表示摄影镜头的最大通光能力，也就是镜头的最大光圈值。有效口径通常采用镜头最大光孔直径与镜头焦距的比值表示。例如，一只 50mm 焦距的标准镜头，当其最大通光口径直径为 25mm 时，其有效口径为 1∶2；当它的最大通光口径为 35mm 时，其有效口径则为 1∶1.4。

镜头的有效口径通常都标示在镜头前面，为简便起见，通常把镜头的有效口径表示为 F 系数，如 1∶2 的有效口径表示为 $F2$，1∶1.4 的有效口径表示为 $F1.4$

等。若镜头的有效口径系数值越小，则表示镜头的有效口径越大，镜头的最大通光能力也越强。

大口径镜头特点表现在三个方面：第一，使用大口径便于在暗弱光线下手持相机拍摄；第二，可获取较小的景深范围，得到虚实结合的画面效果；第三，当拍摄运动物体时，大口径可使用较高的快门速度。

（2）相对口径

摄影镜头的通光能力必须由镜头的通光口径和镜头焦距的比例关系来决定。摄影镜头中有约束光线通过的孔径光阑装置，称作光圈，转动镜头上的光圈调节环，可以改变光圈口径的大小。

光圈有三个作用，分别为控制通光量、控制景深和可减少某些像差。

光圈口径的大小和通光量成正比，光圈口径大，通光量就大。摄影镜头的相对口径是以镜头的入射光束直径（d）与焦距（f）的比值来表示的，即相对口径 $= \dfrac{d}{f}$。

由于镜头的 f 不变（定焦距镜头），而入射光束直径 d 却可以随着光圈的开大缩小不断变化，因此有一系列的相对口径。当光圈口径开至最大时就是有效口径。

相对口径的倒数称作光圈系数，又称作 f 系数，用 f/n（n 为有效口径值）数或 F 数表示，即 $F = \dfrac{d}{f}$

光圈数不同，通光量不同，可见光圈系数越大，通光口径直径越小。

光圈系数的分布通常采用 $\sqrt{2}$ 倍级数排列，如 1、1.4、2、2.8、4、5.6、8、11、16、22、32 等，相邻的两个光圈数大小相差 $\sqrt{2}$ 倍，通光量相差 1 倍。

3. 镜头的视角

摄影镜头如同人的眼睛，由视点与观察范围边缘所构成的角度称作视角，最大视角所决定的观察范围，就是人们常说的视野，也称作视场。与摄影镜头成像范围所对应的视角与视场称作像角与像场。通常认为，镜头在底片画幅尺寸一定的情况下，像角的大小与镜头的焦距成反比，即镜头的焦距越长，其像角越小；镜头的焦距越短，其像角越大。各种焦距镜头的像角如表 3-1 和表 3-2 所示。

表 3-1　135 型相机镜头焦距与像角的关系

镜头焦距 /mm	15	24	35	50	85	105	135	200	400	500	1 000
像角 /°	110	84	63	46	28	23	18	12	6	5	2.5

表 3-2　120 型相机镜头焦距与像角的关系

镜头焦距 /mm	50	80	120	150	250	500	1 000
像角 /°	78	54	37	30	18.5	9	4.5

通过像角也可以区分摄影镜头的种类，即标准镜头的像角约为 40°～60°，大于 60° 像角的镜头为广角镜头，小于 40° 像角的镜头通常称中长焦镜头，中焦镜头的像角一般约为 18°～40°，像角小于 18° 的摄影镜头则称作长焦镜头。以 135 相机为例，焦距小于 35mm 的镜头为广角镜头，焦距为 50mm 的摄影镜头为标准镜头，85～135mm 焦距的镜头为中焦镜头，焦距 200mm 以上的镜头则属于长焦距镜头。

像角与像场是摄影镜头在成像空间所构成的影像清晰范围和张角，与之相对应，在摄影镜头前方的空间则是摄影镜头的视角与视场。镜头的视场是指镜头的拍摄范围。通常在拍摄位置与被摄对象距离不变的情况下，如果镜头的焦距越短，则其视角越宽，拍摄范围越大，物体所成的影像越小；反之，镜头的焦距越长，视角越窄，拍摄范围越小，镜头所成的影像则越大。总之，短焦镜头视角大，长焦镜头视角小，摄影镜头的焦距与视角之间的关系，如图 3-2 所示。

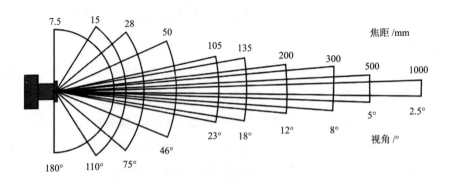

图 3-2　镜头焦距与视角的关系

（二）镜头的种类和特点

1. 标准镜头

标准镜头的视角约 50°，所摄影像范围十分接近人眼的视力范围，基本上不改变景物的透视比例，能完全保持景物的逼真性。与其他镜头相比，它的有效口径最大，在较弱光线下也能发挥作用。

2. 广角镜头

广角镜头的视角大（一般大于 65°），如 135 相机焦距在 35mm 以下的镜头。广角镜头的特点如下。

①广角镜头的透视力较强，有夸张景物的特殊功能。在近距离拍摄时，它所成的影像近大远小，可用来突出主体。

②焦距短，视角大，拍摄范围广。但不宜近距离使用广角镜头拍摄人像。

③广角镜头景深大。当需要拍摄大范围的清晰影像时，可使用广角镜头。

3. 变焦镜头

变焦镜头的焦点距离能连续改变，焦点位置可以移动，从而可获得各种不同的有效焦距，以满足各种不同的需要，由于变焦镜头可在一定范围内实现无级变焦，因此变焦镜头可以一镜多用，它可以是标准镜头、广角镜头、长焦距镜头的综合体。

4. 长焦距镜头

视角小于 18° 的镜头，称作长焦距镜头。长焦距镜头的特点是焦距长、视角小、成像大、景深短。通常长焦距镜头用来拍摄难以接近、危险性大的场面，如球赛、爆炸、火山、动物等，也经常被用来拍摄人物特写。

5. 微距镜头

使用普通镜头拍摄一些特写或超近距离的物体，会使画面清晰度下降。若使用微距镜头拍摄，其解像力非常优良，用它拍摄极近距离的物体时，成像也极为清晰。

三、照相机的主要机件

（一）快门

照相机的快门是用来控制胶片有效曝光时间的部件。应从以下两个方面来了解快门。

1. 快门的性能

快门除了能够控制胶片的受光时间，还可以控制被摄体的清晰度和模糊量。

快门速度以秒为单位。常见的快门速度系列规定为 1、1/2、1/4、1/8、1/15、1/30、1/60、1/125、1/250、1/500、1/1 000 等。它们一般都刻在快门速度盘上，为简化书写，照相机上只标写时间的倒数，如 1、2、4、8、15、30、60 等，有的高档相机上还设有 T 门、A 门、B 门和 P 门。

B 门和 T 门都是长时间曝光的手控装置。用 B 门时，按下按钮，快门打开，放开按钮，快门关闭；用 T 门时，按下按钮，快门打开，放开按钮，快门不关闭，再按一次快门按钮，快门关闭。A 门和 P 门是自动曝光控制装置，A 门为光圈优先，P 门为快门优先，使用 A 门时，将快门速度盘旋至 A 门位置，将镜头上的光圈盘旋至所需景深的光圈数，照相机根据自身测光系统，自动控制快门曝光；使用 P 门时，将镜头上的光圈盘旋至 P 门，再将快门盘固定在所需快门速度上（如 1/1 000），照相机自动将光圈调至正确曝光的光圈值上。

2. 快门的分类

根据快门的结构，快门分为镜间快门（也称作中心快门）与焦平面快门（也称作帘幕快门）。镜间快门位于镜头内，它由若干薄金属叶片组成，这种快门借助叶片张开、回缩，关闭时间的长短来控制进光时间。其优点是较坚固耐用，这类照相机上的任何一挡快门速度均能与电子闪光同步，但它的最快速度只能达到 1/500s。焦平面快门位于镜头与焦平面间并紧靠焦平面处，它通过两个帘幕来控制曝光时间。曝光时，一块帘幕开启，而另一块帘幕紧随遮挡，曝光时间通过掠过胶片平面两块帘幕的间隙大小来控制：曝光时间长，帘幕的间隙大；反之，间隙小。根据两块帘幕的运动方向，焦平面快门又分为纵向焦平面快门与横向焦平面快门。通常，纵向焦平面快门速度可达 1/4 000s，而横向焦平面快门的速度一般可达 1/1 000s。

　　根据快门对时间的控制方式，快门又分为机械快门和电子快门。机械快门通过机械阻尼延时来控制曝光时间，它只能定级调节快门速度。而电子快门则通过电子延时电路来控制曝光时间。电子快门的精确度一般比机械快门高。

（二）调焦机构

　　调焦装置的作用是使被摄景物能够在摄影胶片上形成清晰的影像。现代照相机的内部一般都设有联动的调焦测距光学装置，也称作光学测距器。它是由几块透镜和棱镜组成的，调节镜头调焦环时，调焦测距联动，通常是取景、测距、聚焦三者同时进行。照相机的调焦方式主要有手动调焦和自动调焦两大类型。自动调焦是采用先进的电子控制系统来进行全自动测距与聚焦，摄影时无需手动调节，只要按动快门按钮，相机即可通过光学电子系统聚焦清晰的影像。

　　1. 调焦环

　　照相机的调焦装置设置在镜头上，调节调焦环就是调节摄影镜头和被摄对象之间的距离；对相机内部来说，通过调节摄影镜头和胶片之间的像距，从而使被摄景物能够在胶片上形成清晰的物体影像。摄影镜头的调焦环上一般都标有调焦距离标尺，标尺刻度通常设有英尺（ft）和米（m）两种单位，分别采用不同颜色标记，镜头筒上同时还标有调焦基线。

　　有了调焦标尺之后，调节镜环，使调焦基线对准某一调焦距离，在该调焦距离前后一定范围内的景物就能够形成清晰的影像。

　　2. 聚焦指示

　　手动调焦时，除了依靠调焦环的调焦标尺或调焦图标进行调整聚焦，要想知道调焦是否准确，则可以通过照相机的取景器来观察聚焦指示。常见的聚焦指示方式主要有裂像式、叠影式、磨砂玻璃式等类型。

　　（1）裂像式

　　裂像式聚焦又称作截影式棱镜聚焦，调焦时观察聚焦屏中央的裂像环，当裂像环两个半圆内的同一景物被分为上下两段，左右错开时，表示聚焦不准，调整调焦环，使聚焦屏上错开的两段影像结合成一个完整的物体影像时，就表示聚焦准确，如图 3-3 所示。

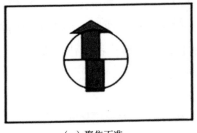

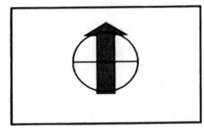

（a）聚焦不准   （b）聚焦准确

图3-3　截影式调焦示意图

单镜头反光照相机（简称单反相机）一般多使用裂像式聚焦方式，这种方式容易观察判断，而且聚焦精度高。

（2）叠影式

叠影式聚焦方式又称作双像重影式，它一般是在取景屏中央用黄色线条标示出一小块长方形作为聚焦区域。旁轴式平视取景照相机大多采用这种聚焦方式。摄影取景聚焦时，观察聚焦区域内的景物影像，如果同一被摄对象在该区域内出现两个浓淡不同、虚实交错的影像效果，说明聚焦不准；调节调焦装置，当聚焦区域内的两个交错影像逐渐叠合在一起结成一个清晰的影像时，就表示聚焦准确了，如图3-4所示。

（a）聚焦不准   （b）聚焦准确

图3-4　叠影式调焦示意图

（3）磨砂玻璃式

这种聚焦方式采用磨砂玻璃作为聚焦屏，调焦时直接观察磨砂玻璃屏上的影像，成像清晰表示聚焦准确，成像模糊表示聚焦不准，需要重新调焦。这种聚焦方式多使用在大型座机和120型双镜头反光式照相机上。

（三）取景器

取景器是指用于观察被摄景物，以便选取合适的画面拍摄范围的装置。摄影时，拍摄者通过取景器来观察被摄景物，对画面进行取舍，这种取舍就是拍摄者对照片的构图。取景器可以分为同轴取景器和旁轴取景器两种。同轴取景器是指取景与成像在同一光学主轴上的取景器，单镜头反光照相机即属此类；旁轴式取景器是指依靠独立的专用物镜和目镜完成取景的取景器，该取景器的光轴位于成像主轴的旁侧，二者相互平行，双镜头反光式照相机和光学透镜取景式照相机属于此类。

（四）传统感光胶片

感光胶片是用于记录影像的一种感光材料，主要包括黑白片和彩色片两大类。黑白胶片只能用黑、灰、白深浅不同的影调来表现景物的色彩和亮度等级，而彩色胶片能把景物的五颜六色如实地再现出来。在摄影胶片的发展历程中，人们在早期使用的是一种干版感光片，干版不是胶片，它是一种将感光乳剂涂布在玻璃片上的照相感光片。它的照相特性与胶卷没有什么本质的差别，只是感光乳剂的支持体不同。玻璃干版感光片在民用照相领域的使用一直持续到了20世纪的50年代，后来终因使用、保存等方面的不便而被淘汰。而通常所说的胶片的概念，则涵盖了现在使用化学柔性材料制造的感光胶卷，以及非卷曲的感光底片。卷曲绕轴的胶卷起源于1885年，当时的伊斯曼·柯达公司在平板玻璃上制造出了以硝酸纤维（也称作赛璐珞）为材料的可以卷曲的感光片，这就是胶卷的开端，而胶卷正式成为一种商品，则是1889年8月的事情。有了胶卷，摄影师就再也不用身背着沉重的玻璃感光片去拍照片了。但是使用赛璐珞制造的胶卷有一个很大的缺点，就是这种胶卷容易起火燃烧，在那个年月里，因为赛璐珞而引发的火灾不在少数，因此人们继续研究，最终在20世纪40年代造出了使用三醋酸纤维素为片基的胶卷，并称之为安全片基胶卷。现在除了以三醋酸纤维素为片基的胶卷，还有使用聚酯片基的胶卷产品。在胶卷发展的历程中，曾经有过很多不同型号的胶卷产品。大浪淘沙，现如今人们能够见到的胶卷也就只剩下135、120和APS这三种了。而像APSJ10这样的胶卷在我国根本就没能流行起来，135J20胶卷是人们使用最多的胶卷。

1.感光胶片的原理与结构

（1）感光片的种类

①按用途分类，感光片可分为为负片、正片和反转片。负片是指通常说的摄影底片，经曝光、冲洗后得到的是影像的负像。正片主要用于对各种底片进行复制，正片的明暗关系和色彩效果都与原被摄景物保持一致。反转片省却了从底片复印正片的过程。

②按尺寸分类，感光片可分为120胶卷、135胶卷及片装散页片等。人们经常用到的是135胶卷，这种胶卷宽35cm，长160～170cm，片边两旁具有规则的片孔，一般可拍摄3.6cm×2.4cm的底片36张，也可拍摄20张、24张、72张。

③按感光速度分类，感光片分为感光速度ISO100、ISO200、ISO400等。数值越大则感光速度越快，若感光速度增加一倍，则曝光时所需的曝光量也增加一倍。当然，以前也用过很多其他速度表示方法，如GB、ASA、DIN等，它们分别是中国、美国和德国的标准。

④按色彩还原分，感光片可分为黑白片、彩色片、X射线片等。其中，黑白片按其感色范围分可分为全色片、分色片、色盲片等，全色片是指对所有颜色都感光的胶片（现在用的黑白片都是这种类型）。分色片是指可感受蓝紫色光和黄、绿色光，但对红色光不可感受的胶片。色盲片是指对蓝紫色光敏感，而对绿、红色光很不敏感的胶片，一般用于文件与黑白底片拷贝等。

（2）感光片的基本结构

感光胶片的主要组成部分是片基、感光乳剂和各种辅助剂，片基是感光乳剂和其他涂层的载体。乳剂是感光片里最重要的组成部分，它直接影响胶片的感光性能。辅助剂的作用是防静电、防光晕、防卷曲、保护乳剂等。

2.感光胶片的照相性能

感光胶片的主要照相性能有感光度、反差性、宽容度、灰雾度、感色性、颗粒度等。感光胶片的照相性能主要是由生产工艺和技术水平决定的，但在实际使用过程中，摄影曝光、冲洗条件和保存条件都可能影响到照相性能的体现。

（1）感光度

感光胶片对光照感受的灵敏程度，称作感光度。感光度高的感光速度快，适应暗光线能力强；感光度低的感光速度慢，适应暗光线能力差。国际上常见的感光度标准有 GB 制、DIN 制、ASA 制和 ISO 制。GB 制是中国感光度标准，它和德国的感光度标准 DIN 制是相同的，如 GB21° 和 DIN21 的胶片感光度相同。GB 制和 DIN 制的感光度数每相邻两级之间相差 3，感光胶片的感光量相差一倍，如 GB18°、GB21°、GB24°、GB27° 等每相邻两级之间感光度数都相差 3，感光量都相差一倍，即曝光量差一倍。例如，GB21° 的曝光标准为 $f/8$、1/125s，相同条件下 GB24° 的曝光标准应为 $f/8$、1/250s，即感光度高的胶卷应适当降低曝光量。ASA 制是美国标准，ASA 制的感光量每提高一倍，ASA 制数值相应翻一番，如 ASA200 比 ASA100 的胶片感光度高一倍。ISO 制是国际标准，它是以 ASA 制和 DIN 制为基础制定的国际标准感光度标记。常见感光度对照表，如表 3-3 所示。

表 3-3　常见感光度对照表

GB	DIN	ASA	ISO	GB	DIN	ASA	ISO
9°	9	6	6/9°	20°	20	80	80/20°
10°	10	8	8/10°	21°	21	100	100/21°
11°	11	10	10/11°	22°	22	125	125/22°
12°	12	12	12/12°	23°	23	160	160/23°
13°	13	16	16/13°	24°	24	200	200/24°
14°	14	20	20/14°	25°	25	250	250/25°
15°	15	25	25/15°	26°	26	320	320/26°
16°	16	32	32/16°	27°	27	400	400/27°
17°	17	40	40/17°	30°	30	800	800/30°
18°	18	50	50/18°	33°	33	1600	1600/33°
19°	19	64	64/19°	36°	36	3200	3200/36°

（2）反差性

反差性又称作密度差，是指胶片上的影像强光部分和阴暗部分的明暗差别，通常也称作对比度或软硬性。影像明暗之间对比度相差很大，而且中间层次又少，称作影像反差大；明暗对比度相差不大，中间层次丰富，则称作影像反差小。影响反差的因素很多，如景物的亮度、镜头的成像性能、滤光镜的运用、胶片的感光度、曝光的控制、冲洗条件的变化等，一般情况下，高速感光材料的反差较小，低速感光材料的反差较大。

（3）宽容度

宽容度是指感光胶片能够按比例记录被摄景物的明暗对比，真实地反映景物明暗范围的能力。或者说，胶片的宽容度表示胶片在曝光上的可变幅度，即胶片所能允许的曝光误差范围。胶片的宽容度越大，表示它所能容纳的景物亮度范围越大，曝光控制的安全系数就越大；胶片的宽容度越小，它所能容纳的景物亮度范围越小，曝光控制的安全系数相应地越小。

优质黑白胶片的宽容度可达 1：128 左右，一般彩色负片的宽容度达到 1：64 左右，彩色反转片的宽容度一般在 1：32 以上。

（4）感色性

感色性是指感光胶片对各种色光的敏感程度和感受范围。胶卷感色性能的不同是由于感光乳剂中卤化银的种类和附加的增光材料不同而导致的。

根据胶片的感色性能，胶片可分为色盲片（只能感受蓝紫光线）、分色片（对蓝、绿光较敏感，对红光不敏感）、全色片（对蓝、绿、红光都具有敏感性）及红外片（除对蓝光敏感外，还对红外光具有敏感性）。以上感光片均为黑白片。

（5）颗粒性

颗粒性也称作颗粒度，是指人眼观察胶片时所感觉到的构成影像的颗粒的粗细程度，或者指彩色影像中的色彩分布的均匀性程度。

感光乳剂银盐的颗粒大小直接影响着成像质量，并决定着影像的颗粒性。银盐颗粒细腻，影像的层次丰富，分辨率高，放大倍率高；银盐颗粒粗大，影像颗粒性也大，分辨率低，放大倍率也低。感光度与照相性能之间的关系，如表 3-4 所示。

表 3-4　感光度与照相性能之间的关系

感光度	宽容度	反差系数	颗粒度	均匀性	解像力	灰雾度
高	大	小	大	大小不均	低	较大
低	小	大	小	细而均匀	高	小

（6）灰雾度

灰雾度是指感光材料的灰雾密度，即感光片不经曝光直接冲洗后所产生的光学密度。任何感光片都有一定程度的灰雾度，这是由银盐乳剂本身性能不稳定造成的。

胶片的灰雾度越低越好。感光胶片保存环境的温度过高、存放时间过长、显影条件等都会造成一定的灰雾度，而使影像画面质量下降。

3.胶片的选择、使用与保护

（1）胶片的选择

不同的胶片具有不同的照相性能，拍摄时应根据景物主题和表现意图选择使用适当的胶片类型，使胶片不同的照相性能得以充分发挥，以获得最佳艺术效果。从感光度方面来选择，感光度高的胶卷颗粒度大、解像力低，不宜制作大幅展览照片；而感光度低的胶卷颗粒细腻、层次丰富、解像力高、彩色胶片的色彩更加饱和鲜艳，适宜制作大幅照片或作品。一般情况下，选择ISO100/20的中速胶片，即可满足拍摄要求。若室内光线较弱且不宜使用闪光灯，可选用高速胶卷。

从反差性角度选择，通常感光度高的胶片颗粒度大、反差较弱，感光度低的胶片颗粒度小、反差较强。因此翻拍黑白图片表或文稿等宜选用高反差的低感胶片；拍摄人像、旅行与风光时，可选用反差较小的中速胶片。

使用彩色胶片时，必须注意色温平衡性的选择。日光型胶片的色温为5 500K，太阳在早晚时刻色温较低，使用日光片拍摄时画面色调会偏红；灯光片色温为3 200K，在日光下的早晚时刻使用可获得较真实的色彩还原，但在白天的正常时刻（上午9：00至下午4：00）拍摄，画面色调会偏蓝偏青。

总之，胶片的选择，一定要依据胶片照相性能的特点和画面表现意图相结合进行选择。

（2）胶片的使用和保护

胶片的保存必须注意防热、防潮、防化学气体、防射线等。通常情况下，胶片一般在20℃以下密封保存即可，若需长期保存的胶片，宜密封存入冰箱。在0℃以下冷藏胶卷能相应延长胶卷的有效期。X射线可使胶片性能受损，因此在机场、车站等安检场所应注意保护好自己的胶卷。

胶卷启封后应尽快将整卷拍完，不能长期把相机中没有拍完的胶卷在室温下保存，否则胶卷的照相性能可能下降。胶卷拍完后应尽早冲洗，尤其专业型胶卷应在1～2周内拍完并冲洗出来，否则，影像效果可能会因此而大打折扣。

另外，胶卷装卸时应避免光线直接照射，最好到阴凉阴暗处装卸胶卷；手动装片应确认胶片是否已挂牢，避免出现空卷拍摄。

（五）灯光设备及摄影附件

灯光设备及摄影附件包括灯光设备、快门线、脚架和滤光镜，下面是这几方面的论述。

1. 灯光设备

灯光设备包括非闪光灯类和闪光灯两部分。

（1）非闪光灯类

非闪光灯类包括传统的强光钨丝灯、卤素灯等，在特殊拍摄环境下，荧光灯也可灵活充当摄影用灯，非闪光灯类的摄影用灯由于色温偏低，在进行一些特殊要求的室内拍摄（如快速室内摄影）时受到诸多限制，因此闪光灯逐渐成为专业摄影的日常用光。

（2）闪光灯

在自然光较弱的情况下进行拍摄，需要人工灯光进行补偿，闪光灯是照相机最常用的补光工具之一。

作为照相机的附件，闪光灯使用要求与照相机快门同步，即闪光同步，闪光灯恰好在照相快门完全开启的瞬间闪光，使整幅画面均匀受光。中心快门照相机上的任何一挡速度都能达到闪光同步的效果。帘幕快门的最高同步速度以"×"标示，或同步速度以红色在速度盘上标出，易于识别。照相机上标示出的闪光同步速度是闪光同步的最高速度，等于或低于这个速度都能使整个画面感光。横向运动的帘幕快门同步速度通常在1/60s以下，纵向运动的帘幕快门同步速度通常在1/125s以下。

使用闪光灯时需参考闪光指数。闪光指数是反映闪光灯功率大小的指数之一，好的闪光灯应该输出稳定并可调、色温标准（一般为5500k左右，与日光相同）、回电速度快、可转向、可改变光照范围等。闪光灯上所标示的闪光指数是以 ISO100/21° 的胶片为标准的，若用 GN 来表示，GN 的数值越大，表示功率越大。

光圈系数、闪光指数、摄影距离三者关系用公式（3-1）表示为

$$闪光指数 \div 摄影距离 = 光圈系数 \qquad 式（3-1）$$

因此，在已知闪光指数和被摄物体与相机距离的情况下，通过式（3-1）计算可知该用多大光圈，也可在已知闪光指数和所使用光圈系数的情况下，计算出被摄物体应在多远的摄影距离可获得足够的光照度。

闪光灯的功能基本上有三种，一是可以随意根据摄影师的创意营造各种光影造型，大大拓展了被摄物体的表现能力；二是可以纠正因色温的差异而造成的图像偏色问题；三是可以满足在光线不足的环境里自如地进行拍摄。闪光灯又可分为随机闪光灯和外置闪光灯两种，随机闪光灯因受闪光源角度的限制只能作有限使用，外置闪光灯可以根据创意搭配出多样的光影造型。

2. 快门线

快门线的作用是将用手按快门的力量通过快门线来传递，它与三脚架配合使用，减少了照相机抖动的可能性。快门线有两种常见类型，一种是机械快门线，它一般使用于传统的手动照相机；另一种是电子快门线，它通常使用于自动照相机。现在，一些自动照相机采用了电子遥控器来控制快门，电子遥控器的使用比快门线更灵活和方便。

3. 脚架

脚架是支撑照相机、保证相机在拍摄过程中不发生抖动的工具，摄影用脚架按照材质分类可以分为木质、高强塑料材质、合金材料、钢铁材料、碳纤维等。最常见的材质是铝合金，铝合金材质脚架的优点是重量轻，坚固。最新式的脚架是由碳纤维材质制造的，它具有比铝合金更好的韧性及重量更轻等优点。根据所承载相机的种类及功能需求，脚架又可分为大型、中型、小型脚架。高档的脚架多数是国外品牌，常见的有法国的捷信、意大利的曼富图、日本的金钟等，价格往往达千元甚至更高。摄影用脚架一般分为三脚架和单脚架。

（1）三脚架

一般情况，在需要长时间曝光或使用长焦距镜头时使用三脚架，套筒式三脚

架的长度可以伸缩，既可以方便地调整高度，也便于携带。三脚架的云台可以上下左右随意转动，便于拍摄时调整角度。使用三脚架时，一定要把三脚架支稳，把照相机拧紧，大风天气要防止三脚架倾倒。

（2）单脚架

单脚架是用单脚支撑照相机的，在一些无法支撑三脚架的拥挤空间里使用，如集会、新闻采访、体育比赛等场合。另外，它的重量远较三脚架轻，便于携带。但单脚架的稳固性不如三脚架，且在快门速度较慢的情况下，单脚架就难以保持稳定了。

4. 滤光镜

滤光镜的作用是真实地反映和表现被摄物体原来的颜色与层次，或根据摄影师的主观愿望对被摄物体的色彩、影调、气氛等进行创造性的表现。滤光镜的种类很多，性能、用途各异，总体上可分为黑白摄影滤光镜、彩色摄影滤光镜、黑白与彩色摄影通用滤光镜及特殊效果滤光镜等。

（1）黑白摄影滤光镜

使用黑白摄影滤光镜，会改变影像原有的反差与影调，因此，黑白摄影滤光镜也常称作反差滤光镜。黑白摄影滤光镜的颜色有深浅之分，如红色滤光镜有浅红、中红和深红之分。滤光镜颜色的深浅不同，对色光的吸收和透过程度也不同，滤光镜颜色越深，吸收与透过色光的程度就越大，影像的反差改变得也大。

常用黑白摄影滤光镜对光线的吸收和透过情况，如表3-5所示。

表3-5　常用黑白摄影滤光镜对光线的吸收和透过情况

滤光镜颜色	透过的光线	吸收的光线
黄	黄、橙、红、绿	蓝、紫
橙	橙、红、黄	绿、蓝、紫
红	红、橙、黄	绿、蓝、紫
绿	黄、绿	红、橙、蓝、紫
蓝	蓝、紫	红、橙、黄、绿

黑白摄影滤光镜的应用有以下几方面。

①压暗蓝天，突出白云。由于全色胶片对蓝、紫光线特别敏感，因此用它来

拍摄蓝天时所得到的色调比看到的感觉要浅，所以经常选用黄色滤光镜或选择橙色滤光镜来拍摄蓝天。

②改变大气透视。合适的大气透视能准确显示被摄物体空间深度感。透视过强则会使远处景物的清晰度下降，透视过弱会使被摄景物缺乏应有空间深度感。因此，当需要减弱大气透视时，一般选用深黄色、橙色滤光镜，它们可将大气中的蓝、紫光线吸收掉，使得远处景物的清晰度提高；当需要加强大气透视时，通常使用蓝色滤光镜，它吸收红、橙、黄等色光，而让蓝、紫光透过，使得远处景物的清晰度下降、细节与层次变得模糊。

③调整反差。人像摄影中，常用黄色滤光镜使肤色变浅，用橙色和红色滤光镜会使皮肤显得白净光滑，而蓝色和绿色滤光镜会加重肤色。花卉摄影中，红花、绿叶的影调相似以致难以突出主体，故要用滤光镜来突出主体。若要突出红花，可选红色滤光镜；若要表现绿叶，则可选绿色滤光镜。

（2）彩色滤光镜

按照色彩还原的需要，彩色胶片分为日光型和灯光型，其中日光型色温为5 500K（开氏温标）左右，灯光型色温为3 200K左右。日光型胶片在3 200K的色温下拍摄，或灯光型胶片在5 500K色温下拍摄，都会造成色彩还原偏色，因此需要用滤光镜来提高或降低色温，这种滤光镜称作色温转换镜。

降低色温的滤光镜呈琥珀色，升高色温的滤光镜呈暗蓝色。当日光型胶片在3 200K色温下拍摄时，需用升色温的滤光镜，反之，用降色温的滤光镜。

（3）通用型滤光镜

黑白与彩色摄影通用滤光镜的特点是不会改变光的颜色，它对黑白摄影与彩色摄影有着同样的作用。常见的通用型滤光镜有以下几种。

①UV镜。UV镜也称作紫外线滤色镜，大多是无色的，也有略呈微红或微黄色的。紫外线对影像清晰程度影响很大，加用这种UV滤色镜，可吸收紫外线。

②偏光镜。偏光镜也称作PL滤光镜，它只对偏振光线起作用，允许沿某一特定方向振动的光线通过。因此使用偏光镜时要旋转观察。偏光镜的作用有：一是可用来压暗蓝天；二是可消除或减弱非金属表面反光；三是可增加色彩饱和度。

③中灰滤光镜。中灰滤光镜也称作ND滤光镜，中灰滤光镜不会改变光的颜

色，它只是均等地减弱各种色光的强度，它的作用是减少进光量。

（4）特殊效果滤光镜

①柔光镜。柔光镜在人像摄影中广泛应用，可使人物面部更加光润媚人。使用柔光镜时，应注意对光圈大小的控制，若光圈大，则柔光效果明显；反之，若光圈小，则柔光效果减弱。

②星光镜。星光镜主要用来表现日出、日落时的太阳，闪烁的灯光，波光粼粼的水面及物体的高光部位。当使用星光镜时，同样要注意光圈大小，若光圈大，则星光效果显著；反之，光圈小，则星光效果减弱。

③多影镜。使用多影镜拍摄可得到被摄物的多个影像，多影镜有三影镜、五影镜和六影镜等。

④超速镜。其也称作动感镜，用来拍摄静物时，把静物改变成流动状，给人运动的感觉，但拍摄时应注意被摄物的背景要简洁。

特殊效果滤镜的品种繁多，书中不一一介绍，在使用时可根据需要选择。

另外，在紫外线较多的高山摄影中，UV 滤色镜是必备的附件。无色的 UV 镜损失光线很少，使用时不需要额外增加曝光量。

第二节　从传统摄影到数字摄影的发展

一、数字图像时代

以胶片为媒介的摄影技术经过了近两个世纪的发展，已日趋成熟完善，胶片摄影时代被称作传统摄影。1839 年摄影技术的出现改写了图像的发展史，数字技术与摄影技术的结合催生了数字摄影的新时代，而且，大众可以以更便捷的方式制造图像，以及享受图像带来的视觉快感。数字摄影在很大程度上已成为图像流行市场的一个标志性符号，成为人们标新立异、追逐时尚的标志。

数字技术与图像产生的最大意义是，它并没有改变摄影和图像的本质，它只是使摄影进一步从专业市场向大众市场靠拢，更加无孔不入地渗透到人们生活的诸多领域，它很大程度上改变了诸多媒体传播信息的方式，也进而影响到观察和了解这个世界的方式，人们的生活方式和思维习惯也将在潜移默化中被改变。从专业的角度而言，数字摄影更快地与媒体业、出版业相连接，它本质上改变着专业摄影市场的工作方式和经营方式。

二、数字图像与数码摄影

一般来说，人们认为只有照相机才可以捕光捉影和摄影图像，其实不然。在今天，摄影技术更广泛地与其他电子技术相结合，大大拓宽了数字图像的生存空间，如手机、随身听、电脑摄影等都可快捷地摄取图像，虽然这些图像的像素较低，无法应用于传统的印刷出版系统，但是却可以灵活方便地通过互联网、手机邮件等方式进行传播。因此，互联网产业的发展为数字图像提供了广阔的生存土壤，同时数码摄影技术的发展与普及也滋养了互联网产业的发展。

传统摄影的工作流程是，首先将感光胶片装到照相机身上，其次摄取影像，让感光胶片感光，将存储介质——感光胶片在黑白暗房或彩色暗房中冲洗出底片（正片或负片），最后再扩洗或扩印成各种规格的照片。如果要将图像应用于印刷出版领域，还必须要对底片进行扫描或电子分色，在没有扫描仪和现代数字分色机的时代，若一幅图像用于印刷，必须要对反射稿件（图片或照片）和透射稿件（底片）进行照相制版。如果用数码相机摄取图像，则可以直接将图像存储于 CF卡或 SM 卡，进而方便地转刻成数据光盘，这样就可以直接将数码图像用于印刷出版系统了。

传统摄影很大程度上是借助物质手段来工作的，程序烦琐，而数码摄影却是一种非物质化的、看得见摸不着的工作方式，它大大省去了传统摄影所必需的物质材料（感光胶片）和工作流程，使工作更方便快捷。只是在早期数码相机由于像素过低、价格过高、个人电脑处理速度慢，加上输出设备的不成熟，打印一张照片的成本太高等条件制约，导致数码相机很难进入专业摄影领域和大众市场领域。如今，随着个人计算机处理速度的飞速提高、打印质量的提高和成本的降低，加上数码相机的像素不断提高，价格也不断下降，以致到处可见数码照片输出店，使人们的作品能自如地冲印和应用于专业领域，同时存储数码图像的媒体也日益多样化。所以，对于现今大众市场来说，数码摄影相对于传统摄影已具有了绝对的优势，在专业摄影领域，数码摄影也开始占据一席之地。

三、数码相机工作原理

一台数码相机是由光学成像部件（包括镜头和快门）、数码感光器件CCD（或CMOS）和电子存储器件这三部分组成。首先图像由光学镜头摄入，其次光学信号由CCD转换为数字信号，数字信号由存储器保存，最后通过数据连线将数据传递到计算机上。

（一）数码相机的CCD或CMOS

CCD是数码相机最关键的器件，其质量的好坏直接影响到数码相机成像的优劣，它的集成度决定了数码相机的影像分辨率，正是有了CCD，才真正本质上使数码相机摆脱了传统相机的种种限制，使图像的数字化记录和保存得以实现。

CCD专业名称为光电耦合设备，它可以把镜头聚集的光信号转化为电子信号，实际上它是一个模拟光信号转化为数字电子信号的数模转化器件。数码相机的成像单元是由一个个的CCD点组成的CCD感光板。从原理上来说，CCD感光板类似于人们熟悉的"位图"的概念，而单个CCD点则类似于在位图中的"像素"的概念。如果一块CCD感光板在长边上有2 100个CCD点，在宽边上有1 500个CCD点，则这块CCD感光板就集合了2 100×1 500个CCD点，即315万个CCD点，也就是说，这块CCD感光板所属的数码相机有315万像素值。但是，并非所有数码相机都是这样计算像素值的，诸多民用数码相机，其CCD感光板都存在插值的问题，也就是说，标称是410万像素，实际上是由一个CCD点插值几个点算出来的。只有在专业级数码相机中，CCD感光板的像素值才是正确按CCD的长宽值相乘得出的，如图3-5所示的尼康相机。

图3-5 尼康相机CCD

CCD 感光板的面积越大，它的工艺和成本就会越高，价格也会越高。这个道理跟传统相机中的小画幅与大中画幅相机的成本比较是一样的。在数码相机成本中，CCD 感光板的成本占了主要部分，标称 410 万像素的专业级数码相机会比民用级相机价格贵几倍。但从实用的角度看，民用市场的数码相机的像素质量已和传统负片的像素质量不相上下，所以同传统相机的选择一样，应根据实际需要选择合适的数码相机，并非昂贵的、高像素值的、专业级数码相机才适合需要，只有合适的才是最好的。除了专业级的商业摄影需求，现在的普通型数码相机，已完全能满足一个普通摄影爱好者的需求了。

CMOS（互补型金属氧化物半导体）是另一种在数码相机中使用的电子感光器件，它和 CCD 起到的作用是一样的，它是一种大规模的集成电子器件，相对来说其价格较便宜。一般的 CMOS 在感光灵敏度和电信噪声上都不如 CCD，成像质量也不如 CCD，所以此类数码相机的成像质量也会有限制。不过，CMOS 的技术在近几年得到很大改进，传统相机的制造巨头佳能公司将其成熟的 CMOS 技术用在其数码相机的生产上，如其开发的专业级单镜头反光相机 EOS–1Ds 系列，就是将 CMOS 技术用到极至的最好例证。

SuperCCD（超级 CCD）是日本富士公司发明的一种更为先进的感光板，它创造性地将方形的 CCD 点做成八角形的 CCD 点，并在传统的排列方式上做改进，使每一个单独的 CCD 点都能和另一个 CCD 点相呼应，解决了 CCD 点在边缘感光不良的问题，使整个 CCD 感光板的成像质量大为提高。超级 CCD 的设计在图像细节的表现及对高光比图像的处理、暗部的电信噪声抑制方面都有极佳的表现。

（二）数码后背

在专业级商业摄影中，为了满足专业摄影师对图片质量的要求，很多专业数码设备生产厂商，如美国柯达公司、丹麦飞思公司都推出了将传统摄影和数码摄影结合的折中方案，这就是可使专业传统大片幅相机变成专业级数码相机的数码后背。数码后背的成像质量是一般专业级别数码相机所无法比拟的，其感光元件的密度值能达到 3.4D 左右，最高像素可达 1 000 万～5 500 万像素不等，可以替代一般传统反转片的图像质素，它的价格也是相当昂贵的，从 120 数码后背到大画幅专业级别数码后背，价格都在十几万元至几十万元不等。相信随着数码成像技术的成熟及市场的普及，这种数码后背的价格会让更多的摄影师能接受。

四、数码摄影与传统摄影——在变与不变之间

很大程度上，数码摄影的普及改变了人们的工作方式和生活方式，但是在本质上并没有超越传统的视觉审美范畴，从视觉艺术的角度看，其并没有创造一种崭新的图像范式与审美标准，人类的视觉艺术的历史并没有因这一技术方法的变化而发生本质的变化。但可以肯定的是，数码摄影所带来的是使艺术与设计领域产生更多的可能性和多样性，它提供的是一种更为便捷的阅读世界的生活方式，传统相机与数码相机在成像原理方面没有什么不同，摄影的常规技术方面如镜头的使用、快门速度与光圈的控制、感光度与曝光模式的选择等也没有大的差异。下面讨论的是传统相机与数码相机在摄取图像方面的技术差异。

（一）胶片的密度与 CCD 密度

度是一个光学概念，用单位符号"D"来表示，在摄影中，度是指传统胶片所能包含的图像层次。例如，一般常用的负片正常曝光后卤化银层的最厚处到最薄处，中间能有 1 000 阶左右的层次，则该负片的密度值可通过公式（3–2）计算出来

密度 =log（最高层次数值）— log（原始值）

  =log（1000）— log（0）

  =3 — 0=3D   式（3–2）

常用的负片密度值一般在 3D。彩色反转片一般能表现的层次在 4 000 阶左右，密度值在 3.6D 左右。因此，密度值越大，胶片就能表现更多的颜色和层次。除不同的传统胶片决定其不同的密度值级外，感光度的不同也影响胶片的密度，如 ISO100 的反转片密度为 3.6D 左右，ISO50 反转片密度接近 4.0D，ISO400 反转片的密度为 3.0D 左右。在数码相机的感光部分 CCD 中也存在密度的问题，不同品牌不同型号的 CCD，即使像素值一样，它所能表现的层次也有区别，一般说来，民用级的数码相机所拍照片密度在 2.5～3.0D，只能和传统负片密度值接近，它拍出来的照片和传统胶卷拍出来的照片效果是相近的，价格昂贵的专业级别数码后背 CCD，密度值也只能在 3.4D 左右。

（二）像素

由 CCD 感光板生成的图像，传输到储存卡里，都是以 RGB 的 TIFF 位图存储的。一块 CCD 感光板，就像是一张位图，每个 CCD 点就相当于一张位图的像素。CCD 点也有像素的特性，它也有位深，只是数码相机 CCD 感光板的位深基本上都是 24 位的，它的 CCD 点也有 RGB 三色通道，每一个单独的通道都能捕捉 256 阶的阶调，所以由数码相机拍摄的图像基本上都是 24 位的 TIFF 位图。由于现在高像素的数码相机其缓存和存储卡容量的关系，一般数码相机采取的都是 JPEG 图像格式，而且有多种压缩比可以选择，除了高标准需求，这种存储格式可以用比较小的空间储存较多的位图图片，如用 340 万像素数码相机拍摄的图像以 1/4 的 JPEG 压缩格式储存，文件大小在 2MB 左右，该图像可输出 A4 幅面的高精度照片，而以 1/8 的 JPEG 压缩比储存，文件大小可输出约 7 英寸高精度照片。

一幅位图由一个个最小的图像单元像素组成，而相同大小面积的位图，像素值越多，则图像越清晰；反之，像素值越少，则图像越模糊。若一幅图像每平方英寸有 300 个像素点，则称这幅图像是 300dpi；若每平方英寸有 50 个像素点，则称该图是 50dpi。一幅相同尺寸 300dpi 的图像要比 50dpi 的图像清晰得多。若拍摄的图像用作屏幕显示、网页和文档插图，只需 1024×768 像素的图片，那么 100 万像素的数码相机就可以满足需求。如果想要输出 A4 幅面的高精度图像或照片，通常需要每英寸约 250 个像素，这时至少需要一台 340 万像素的数码相机；如果所拍图像用作大幅面输出或精美印刷，那么需要更大像素值的数码相机或数码后背。当然，并非每个人都需要高像素的数码相机，合适的才是最好的，最主要的还是要看拍摄的用途、客户的需求及摄影师的个人风格。

（三）镜头

以 135 传统相机为例，50mm 的镜头称作标准镜头，小于 35mm 的镜头称作广角镜，200mm 的镜头称作长焦镜头。但是，市场上的数码相机上的变焦镜头焦距都很小，如 OLYMPUS C-2 500L 相机的变焦镜头的变焦范围为 9.2～28mm，原因是数码相机使用的 CCD 感光板面积比传统 135 相机胶卷面积小很多，传统 135 胶片面积为 36mm×24mm，要比数码相机 CCD 面积 9mm×6mm 高出 4 倍，也就是说这一数码相机的变焦范围相对于传统 135 相机应该是 35～105mm。所以，数码相机 CCD 感光板的面积越大，其所对应的镜头焦距就会规律性发生变化，这跟传统胶片相机由胶片尺寸决定所对应镜头的焦距的原理是一样的。

（四）数码相机的白平衡

和传统胶片一样，CCD 也存在曝光准确与否的问题，数码相机内部的测光表也是按 18% 灰度为测试的基准，与传统胶片的中灰点平衡不一样的是，数码相机的 CCD 是找白平衡。

白平衡在曝光中的意义和中灰点是一样的，其是用来确定 CCD 曝光准确与否的依据。绝大多数数码相机都有自动白平衡功能或摄影师可根据拍摄环境选择不同的白平衡模式（一般数码相机都会有自动、日光、白炽灯、荧光灯、阴影等白平衡模式可供选择），这样可避免由于色温的偏差而导致的图像偏色问题，也可以最大限度正确曝光。

（五）CCD 的感光度

如同传统相机的胶片，数码相机的 CCD 也存在感光度的问题，且其完全参照传统胶片的感光度标准。专业级数码相机的感光度可由小到大自由调整，对于大多数民用数码相机而言，有的由于最大光圈较大，变焦比也较大，多数摄影师习惯手持摄影，其 CCD 的感光度都在 200° 以上，这适合在各种光线较差的环境中以更快的快门速度拍摄。相比传统相机，它更方便地适用于如会议现场、音乐厅、阴影环境、室内等场合的快速拍摄需要，这是数码相机的一大优势。

五、普通级数码相机使用经验

①尽量选择适度光源拍摄，不要太强也不要太弱。

②如果相机有曝光补偿功能，尽量利用它去调整照片的光度。

③观景器显示的画面与镜头实际拍摄范围可能有差距，要留意。

④时刻留意 LCD 液晶屏上的显示。

⑤尽量靠近主体拍摄，使主体的细节突出。

⑥使用随机附送的或其他影像编辑程序，或将图像导入 Photoshop 软件，以优化照片效果。

⑦注意电脑与相机的连接设定。

⑧注意相机的耗电情况。

⑨如果相机有微距拍摄功能，可以很方便地用来进行资料类翻拍。

六、数码相机的维护与保养

数码相机作为一种精密的光学仪器，需要在使用时小心防护，不用时也要采取必要的保养措施。

（一）LCD 的保养

在 LCD 显示屏上，最常见有手指指纹或是一些油垢、灰尘等的覆盖，一般可用软质的眼镜布或 3M 公司出产的魔布等擦拭，切记要轻轻地擦拭。注意不要使用强效的玻璃清洁剂，因为部分数码相机的 LCD 表面有一层抗强光膜，这层膜一旦被破坏，无法修护，也不在保修范围之内。另外，也可以购买使用屏幕保护贴，剪裁成适当大小后贴在 LCD 屏幕上，就可以减小 LCD 屏幕被刮伤刮坏的概率。

（二）机身及镜头的保养

数码相机是一种脆弱的精密器材，内部元器件和镜头组件都经不起摔打。在使用过程中如果不小心摔落，后果是不堪设想的。拍摄时要尽量把相机带挂在脖子上，防止出现由于持机不稳跌落相机的状况；或者，找一个平稳的地方放置相机，防止由于撑托物不稳而使相机滑落。

对镜头部分而言，镜头镜片过脏会影响成像，镜筒内部因保护不当也会进灰而影响 CCD 感光，还有 LCD 屏污垢较多也会影响取景的视觉效果。当数码相机在有风沙等灰尘较大的环境里使用时，拍摄完成后应马上装入机套，拍摄中间也要注意不让手指在镜片上留下指纹。另外，擦拭镜头也是平时保养的重要一环，无论擦拭镜头还是擦拭 LCD，只能使用擦拭眼镜的软质眼镜布，市场上有很多不合格的镜头纸只会带来不良作用。正确擦拭镜头的方向是从中心向外旋转擦拭，切勿对着镜头呵气后再擦拭。如果镜头上只有浮灰，只需要使用吹气球吹去浮灰即可，禁止用口直接吹气。

（三）防潮防霉

一般使用者在购买相机时，最好同时也选购简易型的密封防潮箱及干燥剂。小型的防潮箱大约 250 元，中型的防潮箱大约 450 元，简易型的密封防潮箱的空间已经足够一般数码相机、储存卡、日后刻录的光盘片等存放。想要一劳永逸的消费者，建议购买电子防潮箱，它可以严密控制温度和湿度。作为电子产品，数码相机的最大敌人莫过于水汽的侵蚀，不小心进水或者长时间不用时暴露在潮湿的环境中，都会对其内部的电子元件造成不同程度的腐蚀或氧化。在诸如有瀑布的风景区拍摄的话，由于空气湿度较大，因此要特别注意避免淋雨、溅水和落水这类情况的发生。同时，避免暴露在潮湿的空气中，建议在放置数码相机的盒子或机套内放入干燥剂。另外，如果长时间不使用数码相机，可以在适当的时候取出、开机和通电，这样做也可以达到除湿的目的。

精心维护和保养相机是摄影基础学习的重要前提，上述内容虽然围绕数码相机展开，但是其要求也适用于传统胶片相机。

（四）储存媒介的使用

记忆卡当然也非永久不坏的，虽然目前市面上的记忆卡轻薄短小，但也不是金刚不坏之身，经不起大力拔插或折压等动作。另外，一些使用者经常犯的错误是急着将储存卡从相机取出或直接关机，其实很多时候记忆卡正做着储存的程序，这时取卡或关机不仅可能对正在储存中的档案造成毁坏，还可能造成记忆卡的永久损坏。

（五）注意外界温差环境

摆放数码相机还需要避开高温或较冷的环境。高温有可能使相机内部的机械部分所使用的润滑油溢出，如变焦镜头的镜筒内部漏油；冷空气也会使镜头镜片凝结水珠，内部的电路板也会凝结水汽，后果真是不敢想象。数码相机当然都需要保存在常温环境下，夏天要防止从空调房间立即拿出到户外使用，否则由于骤冷骤热的温差影响，使机身各个部分都会不同程度地凝结水汽；如果在夏天高温的天气下使用，更加要注意防热，数码相机在工作中本身就会产生相当大的热量，加上环境的高温，必定会给数码相机留下隐患，在不使用时也要避免在阳光下暴晒。

（六）充电电池的保养

数码相机跟传统相机不同，对电力的需求非常的大，一般情况都能使用 7～120min。不论是镍氢或是锂充电电池都有其使用技巧，镍氢充电电池有记忆效应，应尽量将电池电能用完后再进行充电，一般可以充电 300～500 次。如果是一般数码相机专用的锂电池，经过几百次充电后，电池也会有老化的现象，建议最初购买时多选购一块电池，以免几年后市场上不一定能找到与使用的相机机型相匹配的配件。另外，当相机可能长达一个月以上时间不使用时，务必先把电池取出另外保管存放，避免可能出现电池泄露等情况对机器造成危害，这点对使用非充电电池尤其重要！

第三节　摄影曝光技术分析

摄影曝光是摄影中最基本、最重要的常规技术，只有经过长期不懈的努力，才能真正地掌握好曝光控制技巧。摄影曝光是指运用光圈和快门的配合，使照相机底片上得到清晰的影像的过程。

一、曝光基本知识

（一）曝光量概念

正确的曝光由曝光量的多少决定，曝光量又称作通光量或感光量，是指感光胶片的受光强度（即照度）与受光时间的乘积。用公式（3-3）表示为

E（曝光量）$=I$（光照度）$\times t$（曝光时间）

式（3-3）中，E 的单位是 lx·s；I 的单位是 lx；t 的单位是 s。

在摄影操作过程中，光圈的大小决定照度的强弱，快门速度的高低控制调节受光时间的长短。若光线强，则可以缩小光圈或提高快门速度，也可以既缩小光圈又提高快门速度达到减少通光量的目的；若光线弱，则可反向操作，达到增加通光量的目的。

（二）等量曝光

照相机的光圈开大或缩小一挡，胶片上的感光量就增加一倍或减少一半，相应地，若将快门提高或降低一挡，可使胶片感光量减半或增加一倍，可见光圈和快门的配合，可得到相同曝光量的多种曝光组合。通过光圈和快门配合得到的具有相同曝光量的曝光组合，称作等量曝光，摄影的这一曝光规律称作倒易律或互易律。快门和光圈的互易律在大部分场合和条件下是成立的，但当快门速度慢于1s或快于1/4 000s时，快门和光圈的互易律就会发生变化，这是需要注意的。

等量曝光的曝光量是相同的，但画面造型效果却存在差别，主要表现在两个方面：一是因光圈系数不同而产生不同的景深，二是因快门速度不同而使动体产生不同的清晰效果。因此，尽管有许多的曝光组合可供选择，但只能根据造型需要选择确定的光圈和快门。

例如，某一等量曝光，其组合有 $f/4$、1/500s；$f/5.6$、1/250s；$f/8$、1/125s；$f/16$、1/30s 等，若选用 $f/4$、1/500s，可得到景深小、动体清晰的造型效果；若选用 $f/16$、1/30s，可得到景深大、动体模糊的造型效果。

（三）EV 值

EV（Exposure Values）值又称作曝光值，它是用数字来表示胶片所需的曝光量。EV 值所反映的是光圈系数和快门速度的曝光组合。EV 值的大小与景物的亮度和胶片的感光度密切相关。物体的亮度越高，胶片的感光速度越快，其 EV 值则越大。通常以 ISO100/21° 的胶卷作为参考标准，曝光量每减少一挡，EV 值就增加 1 级；曝光量每增加一挡，EV 值就减少 1 级。EV 值的计算公式如式（3-4）所示。

$$EV 值 = 光圈系数基数 F + 快门速度基数 T \qquad （式 3-4）$$

光圈系数 f 与光圈系数基数 F 和快门速度 λ 与快门速度基数 T 的对应关系，如表 3-6、表 3-7 所示。

表 3-6　光圈系数 f 与光圈系数基数 F 对应表（ISO100/21°）

光圈系数 f	0	1.4	2	2.8	4	5.6	8	11	16	22	32
光圈系数基数 F	0	1	2	3	4	5	6	7	8	9	10

表 3-7　快门速度 λ 与快门速度基数 T 对应表（ISO100/21°）

快门速度 λ/s	1	1/2	1/4	1/8	1/15	1/30	1/60	1/125	1/250	1/500
快门速度基数 T	0	1	2	3	4	5	6	7	8	9

例如，曝光值为 13 的等量曝光组合有（13=F+T）：f/16、1/30s；f/11、1/60s；f/8、1/125s；f/5.6、1/250s；f/4、1/500s；f/2.8、1/100s 等。在实际拍摄时，可以根据造型效果的需要进行选择。EV 值有两个实用价值：一是简化了曝光量的表述；二是将测光数据用 EV 值表示，可很方便地计算被摄物体的光比，具体方法是：分别测量被摄物的亮部和暗部 EV 值，求其差的 2 的幂，所得数值就是光比值。例如，被摄物亮部 EV 值为 9，暗部 EV 为 7，则该被摄物的光比为 $2^{(9-7)}=4$；若被摄物亮部 EV 值为 16，暗部 EV 值为 10，则该被摄物的光比为 $2^{(16-10)}=64$。

（四）测光表及其使用

测光表是拍摄过程中，用来测定被摄物体及其周围环境的光照量，并指出在该光线下，拍摄所需的曝光指数的专用器材。测光表有三种类型，分别是投射式、反射式、重点式。

由于测光表的种类很多，其使用方法也各不相同，因此在使用任何一种测光表之前都必须熟知说明书内容。另外，不管是哪一种测光表，在用它进行测光时，都要事先把所用感光片的感光度在测光表上调整好。测光表的使用方法主要有以下几种。

1. 机位测光法

机位测光法是指在照相机的拍摄位置测量被摄对象的亮度或照度的测光方法，反射式测光表常用此法，入射式测光表采用机位测光法时，机位的光线条件必须与被摄对象所处的光线条件相同，才能获得准确的曝光效果。

机位测光法适用于测量景物平均亮度接近 18% 的中灰亮度，它是对整个画面拍摄范围的平均测光，一般不宜对被摄物体的局部影调进行控制。当画面中有景物明暗光比较强或逆光时，应当对测得的曝光参数进行适当调整，否则曝光不准。

2. 近距离测光法

近距离测光法是指将测光表靠近被摄物体来测量其准确的亮度数值的测光方法，采用近距离测光时应注意的事项是：一是测光方向要与拍摄方向保持一致；二是要避免测光者和测光表投影在测光部位；三是逆光近测要防止逆光进入测光表。

3. 灰卡测光法

灰卡测光法是指采用反光率为 18% 的标准灰卡作为测光对象，是一种简便、准确的测光方法，它避免了因对测光部位选择不当而产生的测光误差。使用灰卡测光时，应距离灰卡 10cm 进行测光，同时要防止测光表等物体在灰卡上产生投影。18% 的标准灰卡可以方便地在摄材市场买到。

4. 替代测光法

替代测光法是指在不便于直接测量被摄体时，可以选用接近 18% 反光率的其他物体作为替代物来进行测光，以确定适当的曝光组合的测光方法。例如，在拍摄人像时，最常使用的替代方法是测量自己的手背。

5. 入射式测光表测光法

使用入射式测光表测光，它测量的是光线照度。入射式测光表在测光时，无论测光表是放在接近被摄体的位置，还是放在远离被摄体的位置，都必须和被摄体处在同一照明的范围内，注意不要让任何阴影挡住测光表，如图 3-6 所示。

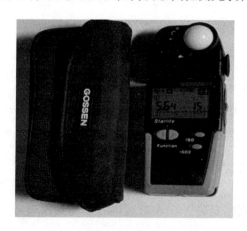

图 3-6　测光表

6. 亮度范围测光法

亮度范围测光法也称作均衡测光法、中间光值测光法、明暗亮度分布测光法。该测光方法是：首先测最亮部分；其次测中间部分；最后测最暗部分，并取这三部分的平均值。

二、影响曝光的因素

影响曝光的因素有很多，主要有以下几个方面。

（一）光源照明情况

光源照明情况是决定曝光的重要因素。光源的强弱、与被摄体的距离都直接影响着曝光量。对于人造光源，光源越强、与被摄体的距离越近，所需的曝光量就越少；反之，光源越弱、与被摄体的距离越远，所需的曝光量就越多。对于室外自然光，晴天、阴天、雨天，一天中的早晚与中午，所需的曝光量也不相同。

（二）被摄体性质及受光情况

除了光源照明状况，曝光还同被摄体性质及受光情况有关。

如果被摄体表面光滑，色调浅，反光能力强，那么所需的曝光量就较少；反之，如果被摄体表面粗糙，色调深，反光能力弱，那么所需的曝光量就多。另外，被摄体的受光状况，顺光、侧光还是逆光，受光面积大还是小，也都决定着曝光量的多少。

（三）胶片感光度

胶片感光度标志着胶片对光线的敏感程度。即使相同的被摄体在相同的照明情况下，选用不同感光度的胶片，其所需的曝光量也大不相同，如 ISO100/210 胶片，曝光量为 $f/8$、1/15s（$EV=10$）；同样的照明情况选用 ISO200/24 胶片时，则曝光量为 $f/8$、1/30s（$EV=11$）；若选用 ISO1 600/330 的胶片，则曝光量为 $f/8$、1/250s（$EV=14$）。可见，利用胶片感光度来调节曝光量也是一种很方便的方法。

（四）艺术表现的需求

在决定曝光时，除了客观因素的影响，艺术表现力的需求也是决定一幅摄影作品成功的重要因素。例如，拍逆光人像时，若需要拍人物面部细节，须适当增加曝光量；若需要人物剪影，须适当减少曝光量，这样才能更好地体现摄影师的艺术表现力。

三、实用曝光估计

（一）室外曝光估计

室外光源为自然光，一般来说，每一种胶片都附有曝光参考值说明。

由于室外自然光的强度变化规律性较强，因此，只要掌握好其规律性就可取得较满意效果。

（二）室内曝光估计

室内曝光估计比室外曝光估计复杂。一般来说，其可分为室内自然光曝光和室内灯光曝光。

室内自然光曝光与晴天、阴天、雨天有关，也与室内墙壁的颜色深浅、窗户的大小、远近有关。因此，对室内自然光曝光估计，经验是十分重要的。通常的一个经验估计值为：晴天，拍摄对象距窗约 1m，胶片 ISO100/210，顺光，曝光值 $f/2.8$、$1/30s$（$EV=8$）。其他情况可在此基础上适当调整。

室内灯光曝光要考虑光源本身强度、光源数量及光源与被摄体距离三个因素。一般情况下光源强度不变，而光的强度随灯距的变化按距离平方反比变化，即光强减弱是相当迅速的。若灯光功率 100W，距被摄体 2m，用 ISO100/210 胶片，顺光，则曝光参考值为 $f/2$、$1/2s$（$EV=4$），其他情况的曝光估计可在此基础上适当调整。

（三）阶梯曝光法

阶梯曝光法又称作多级曝光法，它是对同一被摄对象在同一环境下、在经验估计曝光量的基础上，适当增加或减少曝光量重复拍摄若干张。增加或减少曝光量的阶梯幅度可以控制在 ±1/2—±2 级之内。阶梯曝光法对于确保影像画面质量非常实用，经常在无法补拍的重大活动中使用此法。

第四节　摄影用光的技巧分析

一、摄影用光

光与影是摄影的灵魂与生命，如何控制光影的变化、敏锐地捕捉光影是摄影师要培养的基本素质。光和影是一枚硬币的两面，相依相随。人们往往总是重视了光，而忘却了影，其实影有着与光一样的内在表现力，光与影要在摄影中做到真正的水乳交融，相互辉映，才是摄影的至高境界。

二、光的性质和分类

通过对光影的独立分析与拍摄的用光分析，可对光的性质作如下分类。

①按光源划分，拍摄用光可分为自然光源和人工光源。自然光源有自然界中的日光、月光、闪电等，自然光在不同的天气环境中会有丰富微妙的变化，但这一光源同时也是客观性的，是不可预设和更改的。摄影师在自然光源下拍摄只能顺从光源特点来施以不同的拍摄技巧与规律；人工光源是指各类人为制造的发光体，如照明光管、火光、烛光、焰火光、车灯光、电焊光等。人工光源多种多样，人工光源的营造也可以千变万化，摄影师可以根据自身的拍摄意图自由地营造各种各样的造型光。

②当光发射出的光线来自一个明显的方向，照射到物体上能产生明晰而浓重的阴影时，通常称其为直射光。直射光可以使被摄体产生强烈的光影对比，又常常把这一性质的光称作硬光。一般的光源，如晴天的太阳光和聚光灯所发出的光线都属直射光；当光源发出光线，被中间物质反射而照亮被摄体，称其为反射光；当光源发出的光线透过中间物质，间接照亮被摄体，称其为透射光或漫射光。无论反射光或漫射光都会形成以面为主的间接光照，照射到物体上所产生的阴影与投影柔和而不明晰，这种性质的光被称作软光，如有云层遮挡的日光及经由各类柔光灯箱而射出的光线都属软光照明。硬光与软光在造型上各有特点，硬光能把被摄体表现得更加锐利，显示更为强烈的对比效果；而软光更擅长表现肌理柔和、光影柔和、细节丰富的物体，它能补充硬光投射所产生阴影处的亮度，且不会造

成第二重阴影与投影，从而保持光线造型效果的稳定性。

摄影中基本的用光形式有两种：一种是采用直接光照明，另一种是采用间接光照明。直接用光阴影明显，浓重且硬朗，明暗对比强烈，具有刚硬明锐的特点，调子响亮；间接用光（如柔光灯箱、反光板、白纸、透光布或具有反光性质的白墙、天花等反射或透射光源的光线）光柔和朦胧，适合表现丰富的层次和细节，是商业摄影特别是室内摄影时的惯用光。

三、光位

摄影光源相对于被摄物体的位置称作光位，即光线的方向与角度。不同的光位能造就不同的光线造型效果，在实际拍摄中，光位随机变化的可能性较大，但无论怎么变化都超不出正面光、侧面光（包括左前侧、右前侧、左后侧、右后侧、后侧）、逆光、顶光、底光这几种最基本的光位，一幅成功的摄影作品往往是采用多组光位组合而成的综合拍摄效果。

（1）正面光

正面光又称作顺光，是指来自被摄体的正前方的光线。根据角度高低，其又可分为平顺光与高位顺光。顺光照明形成的画面比较板气，经常有光无影，无法产生光影及明暗的变化，故经常需要其他光位作为辅助照明。

（2）侧面光

侧面光有很多变化方式，根据被摄体所形成的角度变化与高低变化（即高侧光与低侧光），可以变幻出丰富多样的造型光效。总之，不同的侧面光能创造出最生动、最富表现力的造型。

（3）逆光

逆光又称作背光，是指来自被摄体的正后方的光线。它能令非透光物体产生动人的轮廓线条，同时适合拍摄各类可透光物体，它能产生丰富多变的光影变化及透光效果。

逆光是一种具有艺术魅力和较强表现力的光照，它能使画面产生完全不同于肉眼在现场所见到的实际光线的艺术效果。它的艺术表现力主要有如下几个方面。

第一，能够增强被摄体的质感。特别是拍摄透明或半透明的物体，如花卉、植物枝叶等，逆光为最佳光线。一方面逆光照射使透光物体的色明度和饱和度都能得到提高，使顺光光照下平淡无味的透明或半透明物体呈现出美丽的光泽和较好的透明感，添加了透射增艳的效果；另一方面，使同一画面中的透光物体与不透光物体之间亮度差明显拉大，明暗相对，大大增强了画面的艺术效果。

第二，能够增强氛围的渲染性。特别是在旅行与风光摄影中的早晨和傍晚，采用低角度、大逆光的光影造型方法，逆射的光线会勾画出红霞如染、云海蒸腾，山峦、村落、林木如墨，如果再加上薄雾、轻舟、飞鸟，相互衬托起来，在视觉和心灵上就会引发出深深的共鸣，使作品的内涵更深、意境更高、韵味更浓。

第三，能够增强视觉的冲击力。在逆光拍摄中，由于暗部比例增大，部分细节被阴影所掩盖，被摄体以简洁的线条或很小的受光面积凸显在画面之中，这种大光比、高反差给人以强烈的视觉冲击，从而产生较强的艺术造型效果。具体地说，首先，它能使背景处于背光之下，曝光不足，色彩还原差，使背景得到净化，从而获得突出主体的效果；其次，它能生动地勾勒出被摄体清晰的轮廓线，使主体与背景分离，凸显被摄体外形起伏的线条，强化被摄体的主体感；再次，它能深入地刻画人物性格，由于整个画面受光面积小，面部与身体的大部分处于阴影之中，形成以深色为主的浓重低调画面，有助于表现人物深沉、含蓄、肃穆或忧郁的性格。同时，影调反差对比度较大、明暗光线布局强烈，既可使人物面部的某些缺欠借助强光加以冲淡，又可利用背光的暗影予以隐匿，以取得扬长避短的效果。

第四，能够增强画面的纵深感。特别是早晨或傍晚在逆光下拍摄，由于空气中介质状况的不同，使色彩构成发生了远近不同的变化，即前景暗，背景亮；前景色彩饱和度高，背景色彩饱和度低。从而造成整个画面由远及近，色彩由淡而浓、由亮而暗，形成了微妙的空间纵深感。

（4）顶光和底光

顶光和底光分别是指来自被摄体的正上方和正下方的光线，这两种光位可以塑造戏剧性很强的光影造型，也适宜表现可透光物体。

四、被摄体分类

所有的物体根据其对光的吸收、反射及穿透的不同程度可分为三大类，即吸光体、反光体和透光体。

根据光的照射、吸收、反射原理，照射到物体上的所有反射光线部分被吸收，部分被反射，剩余部分被透射。光线被吸收的比率越大，则称该被摄体吸光率大，表明该物体倾向于吸光体；若光线被反射的比率越大，则称该被摄体反光率大，表明该物体倾向于反光体；若光线被透射的比率越大，则称该被摄体透射率大表明该物体就倾向于透光体。这三种分类并不是绝对的，有的物体既可以吸光又可以反光；有的物体既具有很强的透光性，又有很强的反光性，而且加上光色背景的复杂性，拍摄时需要综合分析光色背景及被摄体性质，最后确定最合适的布光方案。一个基本的规律是，物体的色调越暗、彩度越低、肌理越粗糙，其吸光率就越强，如各类纤维制品、食品、石头、泥土、树干、古旧建筑等，普遍认为黑色天鹅绒为吸光率最高的物体；反之，物体的色调越明亮、彩度越高、肌理越光滑，其反光率则越高，如各类金属制品、瓷器、汽车、各种家电、镜面体、高明度布料、纸张等；透明性物体如各类玻璃容器（包括酒类、饮料类等产品容器）、塑料制品（包括日化用品容器、化妆品容器等）、各种透明液体（包括水、啤酒、香水等）、各种可透光的纤维制品（包括纸张、布料等）。

吸光体宜采用侧光或侧逆光来照明，宜用较硬的光线，这样更能强调被摄体表面丰富的肌理。

反射光率较强的反光体由于其能把周围的环境物象反映出来，室内拍摄时应以浅色的透光布、透光纸或背景板将其与外界环境隔绝，然后在外围布灯照明，这样便可以得到简洁干净的肌理效果，能更好地表现物体的造型，从而避免那些由于太多反光产生的难看的光斑，反光体宜采用较软的光线来照明。

透光体最适宜以逆光、底光、顶光进行布光拍摄，由于物体的透光性可以形成漂亮的光影效果，为了使透光体的反光均匀柔和，一般宜用较软的透射光或反射光来照明。

五、控光工具

在室内摄影中，控光工具的使用决定着最终图像的拍摄效果，它是摄影整体规划中一个最为关键的环节。

（1）各类反光板

摄材市场上的各类反光板，基本上分纯白面、银面、金面、黑面这四种，并且有大小不同规格，反光板有曲面、平板式、折叠式之分。根据最基本的反光原理，摄影师可以在现实生活中方便地找到适合做反光板的材料，进而可以自己动手制作各种不同的反光工具。它的材料也可多样化，既可以是布质，也可以是纸质，还可以是轻质泡沫塑料及镜面等。银面反光板可以提供比白面反光板更多的反光量，金面反光板可提供一种温暖的金色反光，黑面反光板可以整体或局部压低图像的影调，如利用最普通的黑色卡纸和白色（或其他色）绘画纸制成的纸筒可以成为很好的反光工具，巧妙地放置黑白或有色纸筒，就可以在被摄体表面有规划地建立高光区与阴影区。

（2）透光、聚光与遮光工具

各种可以加在电子闪光灯、聚光灯之上的透光或遮光材料，都可以作为控制透光工具来使用。摄材市场上出售的如各类规格的柔光灯箱、束光筒、聚光罩、挡光板、蜂窝罩等都可以塑造不同的光影造型，同时摄影师也可以根据自身的拍摄要求自己动手制作各种透光、聚光或遮光工具，如照明灯前可以加设透光性纸片、布料、玻璃、纤维、塑料等材料，以取得多样的光影造型，也可以利用聚光原理对照明灯光进行多种方式的聚集处理，以取得更为强烈的直射光，聚光照明可集中照亮拍摄体的某些关键部位。

六、光比

两只用来照明某一被摄对象的灯光，就其产生的总效应来说，它们之间的强度差，就称作光比。通常，形成光比的两种光线，分别是补光和主光。

补光是指通常位于或邻近相机轴心线的、对被摄对象作总体照明用的光源，其目的是使阴影部的细节能获得恰当的曝光。仅有补光，其提供的照明相当平淡。因为来自摄影光轴的照明，无法显示一个令人满意的立体对象的轮廓或造型。这种光线不能产生重要的高光，所以许多摄影师采用一种相对柔和的或者比较散漫的光源。白色反光伞、天光装置或大范围的漫射光线常被用作补光。

主光是指布光中占支配地位的光，又常称作基调光，因为主光确定着景物的"调子"（高调或低调），而其位置会产生高光和阴影所形成的造型轮廓。相对地说，若将较柔和的光源选作补光，则较"刺目"的光线常被选作主光。抛物面反射器、小型银色反光伞及会产生闪烁高光的灯，均可选作主光。

以数字表示的光比是指照射在高光部位的总光量与阴影部位的光量之比。高光部分能同时接受主光和补光所造成的总效应，而阴影部分只能接受到补光的效应。

布光中最重要的问题是控制反差。如果被摄物本身所反射的明暗比是 10∶1 且用平光照明，那么光比是 10∶1；如果用 2∶1 的光比照明，光比的结果是 20∶1；如果用 5∶1 的光比照明，光比的结果是 50∶1。用反射光测光表能够直接测出它们之间的关系。若测量的结果为明暗两个部位相差 2 级光圈，则光比的结果是 4∶1；若明暗两个部位相差 4 级光圈，则光比的结果是 16∶1。对大多数黑白胶片乳剂来说，超过 5 至 6 级光圈之差，明暗两个部分的细致影纹便难以反映了。

假设两个灯光的大小、形状、强度相等，那么，调整灯具与被摄物的距离，就能产生不同的光比，如表 3-8 所示。

表 3-8　不同主光、辅光下的光比

主光	辅光	光比
1.2	1.7	3∶1
1.2	2.4	5∶1
1.7	2.4	3∶1
2.4	4.9	5∶1
2.4	3.4	3∶1
2.4	4.9	3∶1

七、闪光与恒定光

闪光又称作瞬间光，不同的电子闪光灯可以以不同的功率在不同的瞬间发射出闪光，照亮被摄对象。由于色温的差异造成拍摄的显色偏差，电子闪光灯得以大量使用。恒定光是指发射出恒定亮度的光源，纯粹由恒定光束塑造光影，又称作造型光。

八、色温

色温并非指色彩的温度，更多是指光的明暗程度与色彩差异，色温度是以绝对温度 K（Kelvin）来表示的，将一标准黑体（如铁）加热，温度升高至某一程度时其颜色开始由深红—浅红—橙黄—白—蓝白—蓝，逐渐改变，利用这种光色变化的特性，当某光源的光色与黑体的光色相同时，将黑体当时的绝对温度称作该光源的色温度。在进行彩色摄影时应非常注意色温问题，如果传统胶片的平衡色温与所拍摄对象的光照色温不一致，就必然会产生图像的偏色问题。不同光照下的色温值，如表 3-9 所示。

表 3-9　不同光照下的色温值

光源种类	色温 /K
西北方蓝天	10 000 以上
蓝天	9 500
云光、雨天光	6 500～7 500
薄云	5 500
日光	5 800～6 000
电子闪光灯	5 400～6 200
摄影钨丝灯泡	3 200
荧光灯	3 000～6 500
阴天	4 000～4 500
普通灯泡	2 800
煤油灯	1 800
烛光	400
烧红的铁	1 500～1 800

如果用日光型胶片在室内人工光源下拍摄，钨丝灯照明下拍出的图像会偏红、黄两色；在荧光灯等冷光源照明下拍摄的图像会偏蓝、绿两色。解决因色温而偏色问题，既可以在镜头前加置色温纠正滤镜，也可以在照明光源前加透明色纸来纠正偏色，最普遍的方法是利用电子闪光灯的照明提高色温值。

专业数码相机都有调节色温的功能，摄影师可以方便地根据光环境调节色温值，普通家用数码相机一般根据色温原理设计了不同的白平衡供用户选择，如阳光、阴天、阴影、钨丝灯、白炽灯、自动模式，摄影师根据光环境的不同，选择不同的白平衡，基本上可以解决日常拍摄中的偏色问题。

九、演色性指数

演色性指数（color rendering index，缩写为 CRI）是指用数字描述物体在灯光照射下呈现出来的颜色与自然光的比较，即光线对物体颜色呈现的程度，也就是颜色逼真的程度。演色性高的光源对颜色的表现越好，我们所看到的颜色也就越接近自然原色；反之，演色性差的光源对颜色的表现偏差也越大。为何会有演色性高低的情形发生？其关键是可见光的波长在 380～780nm 范围内，也就是在光谱中见到的红、橙、黄、绿、蓝、靛、紫的范围，光源所放射的光中所含的各色光的比例和自然光越相近，则眼睛所看到的颜色也就越逼真。另外，因底片所能记录的光谱范围，较人眼所能接受的可见光更为深广，尤其对短波长的光更为灵敏。因此，当光源含有过多紫外线时，虽目视正常，但拍出的照片会有色偏，呈现出浅灰蓝色的烟雾层或混浊感，造成照片的层次不清品质差。解决的方法是使用适合的 UV 滤镜滤除紫外线或选择无（低）紫外线的标准色温光源。

就摄影棚光源的选择而言，对演色性的要求应高于其他因素，因其他因素的不足皆有其解决方法（如色温可利用滤镜校正），而演色性为该光源的天性，无法改变。建议摄影棚光源的演色性指数（CRI 值）应大于 90，且愈大愈好。

十、摄影中的阴影

摄影师应学会敏锐地把握和表现阴影，要增强敏锐地感知并抓取阴影的意识，直到成为一种专业习惯，并学会区分什么是成为作品一部分有意思的阴影，什么是会分散观众注意力从而破坏一幅好作品的阴影。摄影时，通常人眼往往只注意主体的趣味点而忽视了阴影的存在。另外，人眼感受光线强度的幅度比任何胶片所能感受的幅度要大得多，因此，当曝光正常时，照片上的阴影一般比实际的阴影显得更黑，而且还会出现拍摄时所没有注意的阴影。所以，学会事先意识到被摄对象上的阴影及其效果，是非常重要的。

阴影的性质取决于光线的性质。阴天光线散射时形成漫射光，这种光能产生非常柔和的阴影，它不明显，有时甚至难以觉察，因此，往往使被摄主体缺少阴影所赋予的立体感和空间感。与此相反，直射光（包括直射阳光、闪光灯或钨丝灯直接射出的光）则产生硬性的、边缘明显的阴影，它与被摄主体上的亮部形成强烈的对比。在这种情况下，往往可以获得优美的造型或鲜明的轮廓。有经验的摄影师都知道利用这种阴影的重要性，他们通常用一个光源来获得亮光和阴影，从而在作品中创造出悦目的、栩栩如生的纵深感和真实感。不过，要小心地运用这一规律，否则很容易将对象的亮部和阴影部位拍得生硬呆板。

一般来说，清晨和傍晚的影子最长，如果在这种时候拍摄，往往可以获得夸张和变形的效果。拍摄时找个较高的视点，效果会更佳。阳光越强，影子就越暗，其效果也就越强烈。黑色的影子由于缺少容易使人转移注意力的细节，因而能产生最强烈、最鲜明的画面形式。

要注意选取那些简洁的、具有鲜明而整齐的形状的阴影作为拍摄主体，得到最生动的、明晰而有趣味的画面。也可以选取那些轮廓清晰的物体的影子用作画面构图。如有可能，还可以按意图去摆设它们，以获得所需的画面。但要注意，有时背景上的阴影极易分散观众对主体的注意力。要极力避免阴影成为一种难以辨认的暗色块，因为它既会分散注意力，又不能提供什么有益内容。拍摄时要针对光源仔细选择相机的角度和被摄体的位置，以便可以得到令人满意的好作品。阴影除了可作为构图的一种要素，还有其自身的价值。有时，只要仔细观察，便会在被阴影遮掩的区域中，发现在直射阳光下不可能获得的异常微妙而往往又是美丽柔和的色彩。在明亮的阳光下拍摄的肖像，人物皮肤的纹理和头发的质感可能显得并不美丽。然而，只要使被摄对象转入阴影区域，并相应地调整曝光量，就会发现刺眼的东西消失了，取而代之的是一系列微妙的、增加肖像魅力的色调。

在使用胶片方面，使用反转片往往可以更好地表现阴影中的色彩；而彩色负片由于有较大的宽容度，能够保持一定的层次，因而会使阴影的效果减弱。要提防将自身的阴影摄入画面。如果背对日光拍照，那么光源投射出自身的阴影，就很可能出现在画面中，拍摄时应特别注意。当然，有时摄影师特意用自己的影子来呈现出一种现场感，那就是另外一回事了。

十一、自然光源下的摄影

英国摄影家基恩·尼尔森（Jean Nielsen）认为，摄影师应该发现和研究光线在一天之中和一年四季的不同变化，并理解其全部意义。他提出了一种观察光线变化效果的方法：找一个当地的景物，在一个晴天时对它拍照，每小时拍一张。如果从一个固定位置拍摄，就能看出太阳移动位置时光线的变化效果。也可以在白天一个特定的时间，围绕一个被摄物拍摄，将为所获得的多种光线效果而大吃一惊。如要了解太阳的光有多强，也可以试着把太阳拍进画面，但小心不要让强光伤着眼睛。在下午3点以后或上午9点前拍摄，对着阳光将能拍出剪影照片。可以首先让镜头从太阳处移开，从而测得曝光读数；其次，根据这个读数拍摄包括太阳在内的所有景物；最后，变换各种光圈，按原样再重复拍摄。在胶卷冲洗完以后，比较得到的各种结果。

普遍的规律是一天中最佳的拍摄时间是上午10点以前、下午2点以后。如果此时天空有薄云的话，拍摄效果还会更好些。因为薄云下的阳光较为柔和，而且被摄物仍有明显的阴影，却又不十分刺眼。关于自然光的选择与使用规律本书有如下总结。

透过薄云照射的阳光犹如一面巨大的漫射柔光镜，它能使景物的阴暗部位之间起到渐变的作用。这种光线相当强，它能够突出被摄体阴影部分的质地，或是经常作为人像类摄影的造型光，用于营造被摄体层次丰富的反差适中的光影造型。如果采用的是彩色胶卷拍摄，用这种光线拍摄出的照片不如在直射光线下拍摄得鲜艳。

①晨曦的光线。薄雾弥漫的清晨，常常预示着是一个晴朗的日子，此时往往有着绝佳的光线条件。在这种光线条件下拍摄，色温会不断变暖，被摄体经过金灿灿的阳光照射，会变成一种令人愉快的暖色调。

晴朗的早晨给摄影师提供了一个光线明亮但阳光照射的角度却很低的拍摄机会，从而可以拍摄出高反差和色彩饱和的照片。在这种时刻拍摄，如何正确地掌握曝光量是一个重要的问题。一般来说，测光既不根据强光部分，也不以阴影部分为准，而是取决于所要突出的主体部分，通常最好是测量强光和阴影部分之间的平均光。正午一般不适宜在室外拍照，尤其是在夏季，如果在正午烈日下拍摄浅色物，强烈的日光会淹没被摄物的所有层次。另外，正午拍摄，阳光正处在最高点，因而被摄物的阴影很短或几乎没有。

②下午的光线。有些人认为，下午的光线以日落时为最佳，其实这是错误的观念，因为在日落前有许多很好的拍摄机会。中午过后，渐渐西下的阳光照在各种被摄物上，会产生各种不同的效果，在这个时间段拍摄出的照片会更有立体感。

当太阳已降得很低时，还可以拍摄逆光照片，被摄体近乎剪影，而背景则是曝光正确的天空。如果希望主体的曝光正确，则可开大两级光圈，使背景部分曝光量过度。

③日落以后。对有些摄影师来说，当太阳消失在地平线下、夕阳的最后一抹余晖消失的时候，才是拍摄的最好时机。此时的天空呈深蓝色，街上华灯初放，景色十分优美。但拍摄动作一定要快，因为这一情景持续的时间很短。拍摄时最好使用日光型胶卷来平衡色温，它能拍出天空的自然色调，并能映出建筑物和大街上的钨丝灯的暖色光。

④薄雾天气。在阳光直射的情况下拍摄的照片，给人以明快和清晰的感觉。但在薄雾情况下拍摄的照片，却能产生出截然不同的效果。它给人以变幻莫测的、梦幻般的感觉。此时拍摄的照片中，被摄物的层次、亮光和阴影都若隐若现。远雾可以柔和景观照片的背景部分，但同时又能使照片的前景部位显得更为引人注目，从而使前景部位的被摄物同背景明显地分开，在这种情况下，画面中的灰白色调部位的颗粒会明显变粗。若希望获得清晰、细腻的画面效果，最好在拍摄时使用慢速胶卷和三脚架。

⑤阴沉多云的天气。摄影师最为烦恼的是遇上阴沉多云的天气，因为这种天气拍摄出的照片缺乏阴影和反差，光线效果也不好，而且景深一般很浅，被摄物显得非常平淡。如果天空变化较小，可用反差滤光镜以增加黑白照片的拍摄效果。拍摄彩色照片可用渐变滤光镜，曝光量可直接参照测光表读数，因为光线很平，所以无需用补助光。如果要靠强光和阴影来烘托拍摄效果，千万不要在阴沉多云的情况下拍摄。

一般摄影师总认为，强烈的阳光是拍摄时最难处理的光线之一。因为在直射的阳光下摄影，会使照片的画面显得十分刺眼，使阴影部位和强光部位产生如同聚光灯照明一样的明显界限，因此，拍出的照片反差很大，色调范围显得很窄，阴影部位和强光部位没有什么其他色调。他们还告诫其他摄影师千万不要用直射的阳光拍摄人像，因为这种光线会使脸部的缺陷明显地暴露出来；并使被摄者睁不开眼睛，因而造成皮肤起皱等现象等。其实这些摄影的教条只能作为普通的经验和规律，实际拍摄中并非绝对的。艺术摄影本来就不存在绝对的规律，优秀的摄影师在任何光线条件下都可以拍出精彩的照片，个人的艺术感悟力和对光线的灵活掌握在这里就显得特别重要了。

室内摄影如何利用自然光？摄影师们普遍认为方向朝南、光线充足的房间是第一选择，同时最好还要挑选窗户大的房间，朝西南开的窗户更好。因为傍晚时分，暖色调的落日余晖泻进屋里，为拍摄创造了更好的机会。拍摄时，宁可把房里的光线搞得暗一些，因为增加光线比减少光线容易得多。如果房间里到处都是强光，那你就不可能按照自己的愿望来拍摄照片。如何控制室内自然光？有摄影师建议采用反光板，用它把窗外的自然光引到需要的地方。通过反光板移近或挪远、变化调节的角度可以得到适合的光线。也可以用不同质地的物体做反光板，以得到不同的光线。最常用的是白纸板，白纸板能反射出柔和的、恰到好处的光。纸板裁剪得可大可小。银箔片反射的光线要比白纸板反射的光线强，为了节省材料，可以在纸板的一面贴上银箔片或是涂上银粉，一板两用。两块日常生活中使用的镜子能反射出很强的光线，可用作眼神光（人像眼珠上出现的明亮的光点）或用以照亮黑暗的角落。金色的物体也可以做反光板。在拍摄人像时，金色会增加被摄者肤色的魅力，使被摄者显得光彩照人。另外，黑色纸板有时也会用到，当室内光线太强，与设想中的作品所需的光线和对比度不符，便可以用黑色纸板吸收掉一些光。

第五节　摄影构图简述

一、构图概说

构图是指在一定的空间或者在限定的格局里，综合组织点、线、面、色、肌理等构成要素，探讨画面形式美的规律及法则。一个合理的构图，可以将平凡的物象变得无与伦比；一个不好的构图，会将一个原本有魅力的主题变得俗不可耐。中国古代南齐时期的谢赫在《古画品录》中提出的"六法"理论，即"一气韵生动是也、二骨法用笔是也、三应物象形是也、四随类赋彩是也、五经营位置是也、六转移摹写是也"，可谓是中国最早关于艺术画面构图的基本准则。瑞士抽象大师保罗·克利（Paul Klee）在包豪斯学院最重要的成就就是其开设的构图课程，他在其《教学草图集》中认为："遵循自然的创造方式，遵循形式的构成与功能方式……你就可以从自然开始，获得自己的构成结果。……你自己就会变得像是自然本身了，你就会开始进行创造。"[①] 他说，一个构图"是一点一点堆积而成的，和一栋房子没有什么区别"[②]，必须确保一个构图具足够的稳定性，"能承重"。

对摄影构图的研究，实际上就是对形式美在摄影画面中具体结构的呈现方式的研究。摄影构图就是要研究以表象形式结构在摄影画面上形成美的形式表现。诚然，经典的表现形式结构，是历代艺术家通过实践用科学的方法总结出来的经验；是适合人们共有的视觉审美经验，符合人们所接受的形式美感法则；是审美实践的结晶。从总结的形式美的表现形式看，其是多样的，而每一种形式都有针对不同内容的表现方法。然而，表现形式不是绝对的，它只能对摄影表现形式提供一定的帮助与参考。而且，吸收前人的经验对自己摄影的形式表现将会产生积极的作用。

二、构图规律

（一）画面与布局

构成一个画面，必定要确定一个空间格局，要存在一个上下左右的空间限定，格局的大小，要看作品的应用目的和人的观察距离。以常用的矩形构图为例，矩形构图分横式和竖式两种，由两条平行线和两条垂直线围合成一个格局，按俄罗斯著名抽象绘画大师康定斯基的理论：两种冷而静止的元素（水平线）和两种暖而静止的因素（垂直线）组成一个基本的画面，组成一个理性平静的画面格局，而竖式矩形构图就具备了原初的"偏暖而且平静"的性格，横式矩形构图具备"偏冷而且平静"的性格，而正方形的构图则具备"中性客观理性"的基调，当外界的构成元素进入这些画面，就等于打破了原始的"平静的暖"或者"平静的冷"的基调，开始营造全新的"画面交响"，新的作品也将由此诞生。

对于一个竖式矩形画面而言，虽然没有明确的划分，在视觉心理上人们已经把它分成了上部、下部、左侧、右侧、中间五个格局，左上、右上、左下、右下的画面格局（如图3-7所示）。首先看画面的上部，根据视觉规律，画面的上部特别是左上部是视点最先、最容易着落的位置，"上"幻化出一个最稀疏的图像，

---

① 董庆波，李志强. 摄影基础及应用 [M]. 长沙：湖南大学出版社，2005.

② 董庆波，李志强. 摄影基础及应用 [M]. 长沙：湖南大学出版社，2005.

一种轻松感，一种解放感，最终为一种自由感。画面的上部可以提升视觉，甚或引导视线突破画面延伸到更高的空间。画面的"上"形成视觉心理的飘浮感、自由感、通畅感，越往上就越散漫，并且暗藏着明亮的基调和嘹亮的声响，因此这个位置不适合出现稠密的元素，它会阻碍、拥堵"稀疏自由"的基调。小的点、线、面及色彩元素越接近画面的上部，体量感就会显得越轻松、飘浮，基调也会越明亮，相反面积更大的元素出现在这一位置，其本身的密度会更加凝聚，它的重量感会增加增强，其自身的"声响"会更加响亮。

 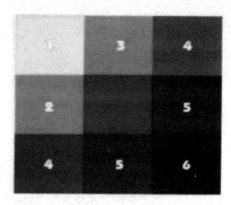

图 3-7　画面格局

根据人的视觉规律，一个构图的不同位置对人的视觉吸引力是不同的。此图是通过色调的退进效应表示这一不同。

再看画面的下部，这个位置让人们产生沉重、下降、黑暗、冷寂、封闭的心理印象，它拥有稠密、束缚、抑制的基调，"因为越是接近画面的下部，氛围就变得越浓，而最小的单个面相互挤得越来越紧，使它们能够承受住不断增加的更大、更重的形。这些形的重量减少，它们低沉的声音就减弱。'上升'变得更加困难——情形显得无力拯救它们自己，而摩擦产生的刺耳噪音几乎都可听见。作向上的努力，也控制了'下降'，'运动'的自由逐渐受到限制，约束力达到最大限度"[①]。画面的下部空间被决定了是整个画面的基石，是构图稳定的根本，这个位置需要放置强大而有效的支撑元素，不力求元素的"多"和"重"，但求有"撑得起"的力度和韧性。

----

① 董庆波，董庆涛 . 构成设计·平面篇 [M]. 南昌：江西美术出版社，2010.

画面的左右两条垂直基线，因为位置的不同决定了拥有不同的"基调"，这也决定了处于左右不同位置的构成元素不同的"性格和命运"。因为视觉规律由左至右的原因，左边的画面基线就是视线出发的基地和源头，它在视觉上象征着"可以驻足停留的家园"，它是"可依靠的坚实安全的屏障"，所以出现在画面左侧的构成元素给人以"轻松""自由""希望""上升""积极"的视觉心理印象，而画面右侧的基线则意味着"终点""结束""尽头"，它是"危险"的屏障和依靠，也是难以突破的、封闭的"围墙"，置身于画面右侧的元素会显得"落寞""无助""消极""回味"，恰似"夕阳西下"的余味。康定斯基的解释是"画面的'左边'幻化出一种更稀疏的形象，一种轻快感，一种解放感，最终是一种自由感。因此'上'的特点在这里得到准确的重复。主要差别只是形象的差别。'上'的'稀疏'必然呈现出较高程度的分散，至于'右边'，元素则更加缜密，但与'下'相比仍很稀疏。解放感与'上'相似，而'自由'与'上'相比，'右边'则更受约束。……所以'右'在某种程度上是'下'的继续和赋予同样减缩特点的继续。浓密、沉重、束缚都减弱，但这些张力仍旧遇到一种阻力，这是比'左'更大、更浓、更实的阻力"[①]。

画面的中间位置是一个"没有想象力"的位置，没有趋向性，虽然"单调无趣""呆板中庸""保守自持"，但是这个位置也有着优秀的品质，即"坚守""独立""放大自己""自信"，毕竟是"中央"的地盘，所以此处的主题元素必须要有足够的力度和自信，要有独特的风格与"声响"，只有这样才能控制画面的全局。

（二）平衡

平衡是指画面各构成元素通过整体调控和布局获得视觉心理上的"稳定"。美国心理学家、艺术理论家鲁道夫·阿恩海姆认为对于一件平衡的构图来说，其形状、方向、位置诸要素之间的关系，都达到了如此确定的程度，以至于不允许这些要素有任何些微的改变。一件不平衡的构图就不同了，它看上去往往是偶然的和短暂的，因而也是病弱的；它的所有组成成分都显示出一种极力想改变自己所处的位置或形状，以便达到一种更加适合整体结构状态的趋势。根据格式塔的理论，视觉会自动调控寻找"稳定""平衡"的画面，同时"心理平衡"与"视

---

① 董庆波，沈辰.摄影技术及应用 [M].南昌：江西美术出版社，2010.

觉平衡"也是人的一种本能反应和需求，因此人对"平衡"的追求具备基本的生理和心理基础。

平衡基本上分为物理平衡和视知觉平衡。物理平衡是指物质的一种"稳定"的力的架构，这在生活常态中有着无数的例证。例如，人在静止、行走、跑动时的身体姿态就是一种整体的均衡力的组织与变动，自然界里的植物生长也是遵循着整体均衡的"力"的原则。视知觉平衡并不等同于物理平衡，也就是说，在现实生活中感觉到的很多"物理平衡"如果以图画的形式表现出来，视觉反而感觉到"不平衡"，反之亦如此。这是因为"物理的力"远不同于"形状、色彩、方向"等形式要素形成的"视觉吸引力"，所以很多时候"忠实地再现"现实生活的形态并不能得到艺术形式的"平衡与稳定"，而是需要有效的"变动""艺术纠正"和"再表现"。

视知觉的形式平衡在构图上表现为两种，即结构平衡与视觉平衡。结构平衡包含对称式的结构平衡和非对称式的结构平衡，对称在结构上包括中轴对称（左右对称和上下对称）和中心点对称（又称作放射对称）。对称的样式是一种有绝对规则的按照一定格局排列相等数量元素的平衡样式，对称式构图必然会达到视觉的平衡，因为人的身体本身就是对称的，包括视觉器官、听觉器官、四肢都是对称的有机体，因此"对称式平衡"是人的一种本然的知觉基因（如图 3-8 所示）。

图 3-8　中央对称式构图，取得稳定庄重的视觉效果

非对称式的结构平衡是一种看似对称的构图格局，构图的骨架结构保持对称格局，但附属构成元素却是不对称的构图样式。无论如何，结构式平衡的构图可以营造庄重、平等、秩序的视觉心理印象。视觉平衡是指一个构图中各个部分所占的相对的视觉分量保持平衡，它是一种美学上让人愉悦的"样式"，它不拘泥于结构的对称和数量的平均，它重点要解决的是在形状、色彩、层次、方向等的自由多元的配置中达到平衡的视觉愉悦，视觉平衡构图样式可划分为以下几种。

（1）由画面构成元素"力"的变化、牵制、统一营造视觉平衡

优秀的构图是指组织画面各构成元素，朝着确定的"美学目标"多样化地对层次、色彩、肌理、方向等进行变化、牵制、统一以达到视觉平衡。人们不喜欢过于单调的构图。首先在构图里制造悬念；其次顺势牵制，构成元素各方向的"力"在变化中形成"视觉焦点"，统率全局；最后达成整体构图的平衡。

（2）根据视觉的"杠杆原理"，在不对等的构成元素中营造视觉平衡

视觉的"杠杆原理"是指以"小"的形式元素平衡"大"的形式元素的构图规则。根据这一原理，画面元素距离中心点越远，只要位置恰当，呈现的分量就越重，面积较小的元素也可以"四两拨千斤"，有效地起到平衡构图的作用。

（3）由有效的视觉引导或虚拟的意象性之"力"产生视觉平衡

具有指向性的构成元素可以有效地引导人们的视线，分散视觉注意力，从而减轻"元素本身"的"重量"，以此达到不对等的视觉平衡。具备较强的视觉引导功能的构成元素有直线及类似直线元素、方向明确的自由曲线、折线形式的各式"箭头"、三角形的锐角、手指等，除了这些"可视的"指向性元素，还存在一种虚拟的"意象之力"也可以起到有效视觉引导分散注意力的作用，最典型的就是人的"视线"，在画面中"人的视线"（眼光的着落处）有着强大的视觉引导力。同理，人的身体（特别是面部）朝向的方向，也可以产生一种"心理的意象空间"来吸引人们的目光，引发想象和联想。这也正如中国画论中讲的"计白当黑"，虽然"空无一物"，但却"韵味无穷"。

（三）对比与调和

从字面上理解"对比"，是指处理一对对立的矛盾体的关系。从本质上讲，没有"对比"就没有人们看到的一切，其他的"视觉之美"也就不复存在。在瑞

士画家约翰内斯·伊顿（Johannes ltten）看来，"所有的感觉都产生于对比。若是没有什么不同质的东西衬托着，一个孤立的东西本身是让人看不见的"①。构图中的对比包括形状的对比、大小的对比、元素数量的对比、体量的对比、方向的对比、位置的对比、色彩的对比、层次的对比、肌理的对比、动与静的对比、虚与实的对比等。根据对比的程度，其又可分类为元素的强对比、中强对比、中对比、中弱对比、弱对比，不同强度的对比会形成不同风格的画面效果。"美的构图"中的对比不仅是同类元素的对比，而且是多元素在综合对比与调和中形成的整体效果。

"调和"是处理对立元素之间关系的"中介质""润滑剂"，互为对立的构成元素，就像两个陌生人，互相具有独立的性格、立场、气质、空间，要把他们联系在一起组合成美好的构图关系，一定需要"调和"。那么该如何调和呢？根据如上所列的各种可能的不同强度的对比，"调和"可分为以下几种。

①色调式调和，是指以色彩的不同色相、明暗度、透明度、饱和度调和统一。

②相似元素调和，是指以各自共有的相似元素如形状、位置、大小、色彩等调和统一。

③融合式调和，是指以一种新的元素连接对比的双方，为双方架起一座融合的桥梁。

④联想式调和，是指借助"虚拟的"联想空间调和统一。

（四）呼应

摄影构图强调的"呼应"关系其实也是一种调和构图的方式，有呼有应、一应一和、有始有终、有因有果，这些是人们知觉经验里表达"整体""完满"的表达语汇，构图中强调的"呼应"也是这样的目的。在构图中，一个或者一类元素出现在一个位置，如果没有相类似的元素跟它们呼应，那么这个构图就像一个没有完成的画面，不知所措，没有结果。没有元素跟其对话，它们自身在画面中就会呈现出一种尴尬的孤独，就像一支射出之后不知去向的箭。这样的画面自然也就难以让观看者理解到真正的意图。

在一个画面中，"呼应"意味着"对话"，而双方一定要有"共同语言"才

---

① 李玉.设计色彩课程体系研究 [M].长春:吉林大学出版社,2011.

能对话，这意味着需要"呼应"的双方一定要有"相似性"，这包括形状、色彩、肌理的相似性，以及双方各自在大小、数量、节奏、动感、方向、位置等方面的呼应关系。

（五）张力

摄影画面中的任何构成要素都有其张力，只是有力度大小的差异。"张力"其实就是指一个构成元素、一个图形或者一个构图突破自身格局向外界空间扩张的"力"，因为这一特征，充满"张力"的构图是一种外向型构图，它那"突破自身格局向外界空间扩张的力"也会引导人们的视线冲破构图，这就拓展了视觉的空间格局，由此引发人们更大的"想象力空间"。

那么怎样的构成元素、图形还有构图才会形成大的"张力"呢？不同的点、线、面等构成元素的张力特征会产生不同的张力效果，如在线中斜线的张力最大，弧线的张力要大于波动曲线的张力，开放曲线的张力大于闭合曲线的张力，等等。当不同的构成元素相遇，它们互相的"张力"就会发生碰撞，这不同的"力"的纠合可能会互相分散，也可能互相增强。以"拉满弦准备射出箭的弓"为例，这其实是两条曲线跟一条直线元素的组合，这种组合的"张力"是最大的，因为三种元素互相交织的"力"，在互相的矛盾中牵制的"力"达到了最为紧张的地步。由此可见，在构图组合中，最大的"张力"存在于多元素碰撞时"相互牵制的紧张力"，同时元素组合时的"方位"差异也是决定构图张力大小的重要因素。

"美"的构图当然并非张力越大越好，掌握了判断、组合"张力"大小的原理之后，就可以有效地控制构图的"张力"。

（六）力场与重心

在一个摄影构图中，多种构成元素的组合可以看作是"多个不同力场"的组合。一个组织混乱的构图，就是各元素的"力场"互相侵犯、互相破坏，互相不能容忍对方。"美"的构图必然是各构成元素的"力场"各司其职、互为增强和升华，这样画面效果也就获得了秩序协调的统一。

"重心"源于物理学中地心引力的原理，在摄影构图中"重心"是指稳定整个画面的"中坚力量"，是构图中要重点强调、刻画的"焦点"，也是画面所要传达的主要信息，画面的"重心"也是"视觉中心"。那么什么样的设计才能成为画面的重心？或者说该如何在构图中创造"重心"？根据"力场"的原理，画面的"重心"一定拥有整个构图最大的"力场"、一定是吸引人们视觉注意力最多的地方，所以建构"重心"其实就是强调"视觉主题"、增强"力场"。

①根据视觉规律，摄影画面的左上区域是视觉注意值最多的位置，这个位置本身就有先天的"力场"优势，所以在这里更容易建构拥有强大"力场"的"视觉重心"。

②在摄影构图中通过构成元素有效的方向导引，使画面形成"聚心"的趋势，由此集中引导人们的视觉注意力。

③增大或增强摄影构图中"主题信息"的面积或色彩、肌理等的对比关系，可以进一步突出"重心"。

④在摄影构图中"易于识别"的图形或元素容易吸引人们的视觉注意力，这得益于人们视觉的"唤醒熟悉"原则。

⑤"烘托"或者"孤立自处"的原则，这是一种"众星捧月"式的构图效果。一个构图元素，如果要强调它的存在，可以给它划分足够的"私密空间"，使其他构成元素不去"侵扰"其"力场"，只是起到"烘托"的作用。在这里"孤立自处"是指一种强调和重视，是指一种"突出"，如同万众瞩目的"舞台效应"，那里当然是最大的"重心"。

⑥摄影构图中主题的"精致性"与"新奇性"表现可以增强其"重力"和"力场"，当然在构图中这也就易于成为"视觉重心"。

⑦摄影构图中主题的"象征性"与"文化性"，使它们具有更丰富独特的表达功能，更可以引发人们的想象空间和视觉注意力，阿恩海姆解释为这是引发人的"内在兴趣"。这在构图中同样可以起到增强"力场"的目的。

当然，摄影构图把握"重心"原则是一个整体调和的过程，并非通过强调某一"元素"就可以获得，这需要组织所有构成要素结合人们的"知识""经验"进行整合。

（七）动感

在摄影构图中讲"动感"，其实是指"虚拟的视觉动感"。充满动感的画面是艺术家们、设计师们共同的追求。法国学者 J.J. 德卢西奥 – 迈耶说："动势能在某一方向上引导眼睛。动势是一种有强烈吸引力的形式，作为一种抽象的视觉语言，它是与生动密切相关的。"① 没有动势，一件摄影作品就是静态的，也许看的时间长，还会令人生厌。动势能增加趣味。要使一件艺术品或者设计作品具有冲击力，必须有动势，概念上过于消极的作品几乎不能打动观者。现在的时代是动势的时代，而艺术顺应了这一潮流也是不无道理的。下面是几种可以有效营造动感画面的规律。

①用具有强烈指向性和延伸性的构成元素组织画面，如通畅的直线、锐角折线、具上升趋势的面或者体等。流畅的指向性构成元素可以引导视线快速地转移，人们的视线在这种快速的转移中产生了动势。

②"倾斜"的摄影画面元素可以造成视觉的"不稳定"，这种"不稳定"蕴含着"冲动""变动"的力量，自然也就形成了视觉上的"动感"，如倾斜的线、倾斜的面、倾斜的体等。一般情况下，在构图中把视觉经验中原本"平衡"的样式"变动"为"不平衡"的样式，或者表现一个事物运动过程的"不平衡的瞬间"（如表现一个人摔倒在地，表现人"正在倒下"的瞬间，虽然"不平衡"但是却最有动势），这会造成视觉的"好奇""冲突"甚至"不适"，但这的确是一种表现动感的好办法。

③在摄影画面中表现"时间因素"或者"速度感"，可以使画面充满动感。

④表现出特有的"光效应"画面，营造画面微妙的动感。

⑤以灵动的曲线组织画面，营造画面强烈的动势。按照亚里士多德和其他一些哲学家的看法，火焰的形状是所有形状中最活跃的形状，因为火焰的形状最有利于产生运动感。火焰的顶端是一个锥体，这个锥体看上去似乎是要把空气劈开，向上伸展到一个更加合适的地方。

（八）方向与趋势

方向是协调画面与构图的一个非常重要的元素，方向又称作趋向性。一个"美"的画面必有一个安排合理的"趋向"存在，一个空白的构图本身就有着上、下、左、右、中等方向的约束和规定，这一点在"画面与布局"中已作部分阐述。由于视觉规律和知觉经验的影响，人对画面中的图形或者构成元素的方向性有着非常敏锐的反应，可以分类来加以说明。

---

① 董庆波，李志强. 摄影基础及应用 [M]. 长沙：湖南大学出版社，2005.

（1）左与右，上和下

在画面上，一条水平直线虽然具有左右延伸的趋向性，但是在人们看来，直线从左向右的趋向性更强、速度更快。同理，一辆自左向右行驶的汽车要比自右向左行驶的汽车速度更快。自左向右的趋向会唤起"踏上征途，有无限可能"的感觉印象，而自右向左的趋向却让人知觉到"回归途中""毫无悬念"的余味；一条垂直线虽然具有上下延伸的趋向性，但向上的趋向性会更强，通常人们会觉得这条直线是上升的，而不是下降的，同理，人们视觉经验里的高楼、旗杆、树木等直线型元素都给人们上升延伸的感觉。

（2）对角线、斜线元素的趋向性

在一个确定的矩形构图中，对角线及自由斜线的出现，对整个构图都会起到微妙的调整作用。

（3）三角形元素也具有很强的指向性

在一个构图中，三角形在同一位置围绕轴心旋转，三角形的趋向性会产生微妙的变化；若一个三角形不转动角度，不断改变在同一个构图中的位置，那么三角形的趋向性也会产生复杂的变化。

（4）构图讲究"重心"

一般说来，在一个画面中张力最大的地方就是整个构图的"重心"所在，构图中所有的其他元素都应该为配合这个"重心"而存在。

（5）人的身体也有着很多导引方向的功能

"指引"这个词恰好点明了手指具有引导方向的功能。人的视线也具有强大的导引方向的功能，人的视线汇聚的地方是很多构图放置"视觉主题"的最佳位置。人的面部面对的方向也是视线被快速导引的方向。

（九）层次

层次也称作层面。对于平面的画面空间而言，层次是它的空间深度，一个最简单的摄影构图都会有两个基本的层次，即图形与背景。摄影画面表现的创意主题不同，所设置的构图层次数量也就不同。拥有多个层面的"美"的构图，会产生强烈的画面空间深度，会让画面更丰富、更具可视性。

根据视觉生理特征，视野可分为主视野、余视野。主视野位于视野之中心，分辨率最高；余视野位于视野的边缘，分辨率依次降低。在扫描画面的时候，视觉会自觉地将主视野调控至画面的"重心"位置，这即是人们看到的"图形"，同时位于主视野之外的层次信息也就自然而然成为"背景"。因此，画面的"重心"元素一定是位于第一层次，画面第一层次之外的所有层次就都是"背景层次"，"重心"之外的构成元素就要在这些"背景层次"上布局。按照视觉规律布置画面层次是一种非常有必要的构图方法及规律。有些构图之所以让人感觉混乱无序、前后冲突，就是因为画面的层次没有布置好，导致不同层面的元素互相冲突而干扰视线。

多层面的画面会产生强烈的空间深度，也就易产生立体感和空间感，作为可以直观再现立体空间的摄影构图，应特别注重画面层次的布局。好的层次布置是构图之"秩序美"的直接体现，但也要注意，构图的层次数量不能超出人们的视觉承受限度，否则效果可能适得其反，一般的构图要控制在五个画面层次之内。

少层面的画面效果具有简洁、直接的视觉印象，信息传递速度快、开门见山、一目了然。

（十）比例与尺度

按照比例与尺度的形式法则经营构图是一种延续了几千年的规则，它深刻地影响到建筑设计、雕塑艺术、绘画艺术、摄影艺术等领域。亚里士多德在其《诗学》中提到："一个有生命的东西或是任何由各部分组成的整体，如果要显得美，就不仅要在各部分的安排上见出秩序，而且还要有一定的体积大小，因为美就在于体积大小和秩序。"[①] 遵循比例与尺度的形式法则可以生成规则、理性、秩序、庄重的画面构图，因为这一法则具有很强的实用性和经济性，所以画面具有很强的生命力。

比例是指事物的局部与整体的量度对比关系。和谐的比例可以呈现出整体与局部协调统一的关系，而且兼具实用的功能；而混乱的比例只能让人感觉到"突兀""破坏"与"不适"。在平面空间中经营比例关系也有着重要的意义，平面画面里的点、线、面、色彩及其大小、形状、数量等关系的配置需要遵循一定的比例关系。这同样是构建"美"的构图的重要法则。如果画面是由点、线、面、立

---

① 亚里士多德. 诗学 [M]. 陈中梅，译. 北京：商务印书馆，1996.

体综合构成的，那么需要注意，最后的构图要么以点为主要构成元素、其余为次，要么以线为主，要么以面为主，依此类推。主要构成元素（如点元素）与次要构成元素在构图中的面积之比以 8∶2、7∶3、6∶4 为宜，但最终要以画面的主题创意而定。一个画面的综合构成元素不能太过于平均，一定要有主次的比例搭配，这样画面才会有个性和趋向性，反之，画面就会无趣、毫无凝聚力。同理，如果一个构图由直线和曲线元素构成，那么画面要么以直线为主要构成元素，要么以曲线为主要构成元素，不能平均分配，二者的比例配制以 8∶2、7∶3 为宜。同理，若一个构图由三种不同形状的元素（如三角形、圆形、方形）构成，在组合时也要配置好主次的比例关系。如果一个构图由黑、白、灰三种色调构成，同样也只能选取一种色调为主要色调。如果一个构图存在冷暖两种色调，那么构图要么以冷调为主，要么以暖调为主。

在人们的视觉经验里，周边背景事物的大小、多少、高低、远近等都是符合一定的比例关系的，即事实逻辑。在二维的平面空间里，可以自主改变事物的真实比例，夸大或减小整体的比例关系，这样可以得到戏剧性的、超现实风格的摄影画面。

尺度是一种独立地量度事物的表达方式。在三维空间中，相对于人体而言，尺度可分为自然尺度（是指原生态自然万物的宏观及微观尺度，人类从自然尺度中获益良多）、社会尺度（是指保持社会正常运转的各类建筑、道路、桥梁等的空间尺度）、人性尺度（是指与人的生理身体密切相关或者与身体直接接触的事物尺度，如家具、服装、手工用具等的尺度）和象征尺度（是指超越使用功能，以文化象征为主的事物尺度，如金字塔、教堂、纪念碑等建筑尺度等）。在平面空间中，可以将以上三维空间的尺度标准进行再现或者夸张性表现。

尺度既是数学意义上的概念，它是直观可测的，又有着丰富的"心理学"的意义，表示一种心理的知觉标准。这种"心理尺度"无法数量化，但是它在视觉艺术领域有着非常重要的意义。美还是不美、有多美，这种感性的标准无法计量，只能依靠知识和经验。中国古典美学的标准里没有"量化的尺度"问题，这与西方古典美学标准有着本质的不同。

（十一）节奏与韵律

节奏与韵律原本是表达音乐声响的概念。人们艺术通感的知觉原理，就经常被用来表达对视觉艺术作品的"美学"判断。总之，在平面画面中对节奏与韵律的美感追求，最终目的就是探寻一种可以和"听觉的音乐律动"产生共鸣的秩序画面。节奏与韵律在内涵上略有差别，节奏是听觉元素或者视觉元素的一种有序的重复与变奏，节奏点之间是静态的相分离的特征。节奏更倾向于一种对作品的客观解释与叙述；而韵律总体上具有强烈的动感特征，它是"曲线"性质的，而且所有元素的律动起伏是连贯的，给人一种荡气回肠的"美感"享受。因此节奏更像是表达一个画面的"结构特征"，而韵律则是人们把"结构"连接成整体后的整体感受。这里的"连接"既是作品本身的动态连接，又是后期人们在观看作品时的"心理意象连接"。总之，"节奏与韵律"是追求画面"音乐质感"的双重追求，它们是分析作品时的不同层面。

摄影构图形式中的"节奏与韵律"须依赖人自身的"生命节奏"存在。从人的感知机制看，动物、人都有一套预设的视觉愉悦的生理机制和心理机制。人体本身称作人的"内环境"，在这个内环境中，人的呼吸、心跳、血流、脉搏等在有序地按一定的节奏和韵律循环运行，有其运作的节奏、韵律、速度。人们又把这种生理的运行机制称作人的"内形式"或者"生物钟"，人的感官系统在这"内形式"的指引下与外界物象发生关系，产生知觉。人体以外的外界物象形态是"外环境"或"外形式"，当某一"外形式"的造型特点、构造规律与人的生理节奏的"内形式"合拍而产生共鸣时，人就会感知到视觉的愉悦，即视觉美感。这也就解释了人们为何会从无数的艺术作品中读到"美"的节奏与韵律。

画面节奏与韵律的获得需要综合组织点、线、面、体、色彩等关系，下面简单概括地介绍几个摄影构图中节奏与韵律的分类。

①简单重复的量度节奏与韵律。

②流动性节奏与韵律（又可分为规则流动与自由流动的节奏与韵律）。

③回旋性节奏与韵律（是指动感的律动围绕一个"重心"展开）。

④高潮性节奏与韵律（表达一种强烈的到达顶点的画面效果）。

（十二）简洁与丰富

简洁与丰富并非构图问题中两个对立的法则。简洁意味着构图中元素数量的"少"，但简洁的构图同样可以集中传达韵味无穷、意义丰富的信息；丰富意味着构图中元素数量的"多"，丰富的构图应把握多而不乱的原则。基于视觉"简洁"

的原理，在传达构图强烈的"丰富性风格"的同时，简练地传递构图的主旨及意义。

总之，简洁与丰富其实是构图的一种风格性问题。两种风格的构图都有各自不同的传达特点与优势，这两者应在构图中取得整体和谐与统一（如图3-9、图3-10所示）。

图3-9　简洁明确的画面主题与构图

图3-10　画面充满了丰富的元素，但整体和谐

第四章 人物与肖像摄影研究

本章内容为人物与肖像摄影研究，阐述了人物与肖像摄影的分类和表现手法、人物与肖像摄影在用光方面的技巧、人物与肖像摄影在影调和色调方面的技巧、人物与肖像摄影的实用方法及人像摄影经典类型分析。

第一节 人物与肖像摄影的分类和表现手法

一、人物与肖像摄影的区别与共同点

人物摄影适用于不同场合的拍摄，如生活、工作场景中的人物，学习、娱乐中的人物，等等；肖像摄影基本在特定的环境中拍摄，被摄者相对静止，一般为单人照构图，采用头像或半身像。但两者有一个共同点，即人始终是摄影的主体，所以，人物与肖像摄影很难明显区别开来。

二、人物与肖像摄影的分类

（一）按年龄分

按年龄分，人物与肖像摄影都有儿童、少年、青年、老年人像等类型。

（二）按职业分

按职业分，人物与肖像摄影以前有工、农、商、学、兵之说，现在随着社会的发展出现了不少新型的行业和职业。

（三）按构图分

按构图分，人物摄影有情景人物、环境人物，肖像摄影有全身、半身、头像等类型。

（四）按题材分

按题材分，人物与肖像摄影都有证件人像、集体人像、婚纱人像、旅游人像、设计人像、民俗人像、模特人像、纪实人像、服饰人像、艺术人像等类型。

三、人物与肖像摄影的表现手法

（一）摆拍的手法

摆拍是指按照被摄者或摄影师的要求，被摄者做出某种姿势和动作，由摄影师用照相机将其固定在画面上。当然，摆拍可以在室内，也可以在室外，将被摄者安排在特定的环境中，甚至还要化好妆、穿上服装、配上道具。

（二）抓拍的手法

这种表现手法对于摄影师的要求比较高，除了眼疾手快、有敏锐的观察力，还要有娴熟的摄影技术。抓拍的主要优点是能真实地再现被摄人物的神态和现场气氛，表情生动自然。抓拍适合使用中、小型照相机。

第二节 人物与肖像摄影在用光方面的技巧

人物与肖像摄影的用光分为两大类。一类是人造光，包括各种灯光，如闪光灯、碘钨灯、白炽灯、日光灯的灯光等，还有火光、烛光也都属于这一类。人造光除了照度的变化，还有色温的变化，使用起来相对比较灵活。另一类是自然光，包括室外自然光和室内自然光。室外自然光随天气变化，室内自然光光源相对比较稳定。使用自然光拍摄，被摄体要服从光线照射的方向。

一、灯光的运用

灯光一般在室内使用，其又分为影室灯光和现场灯光。另外，闪光灯的使用也比较普遍，包括与小型相机连为一体的内藏式闪光灯和通过插座连接相机的独立闪光灯。

（一）影室灯光的运用

影室灯有不同品牌、不同型号、不同功率，瞬间照明为闪光灯，连续照明为白炽灯和数码灯，摄影师可根据用途将其分为主光灯、辅助灯、轮廓灯、背景灯、发型灯等。

（1）主光灯

主光灯作为主要的照明光源，在人物摄影中可显示被摄者面部的基本轮廓和细节，表现立体感，增加层次。

（2）辅助灯

一般辅助灯为1个，也有使用2个的，主要用于提亮人物面部的阴影部位，其亮度不得超过主光灯，否则会喧宾夺主。

（3）轮廓灯

轮廓灯的光束比较集中，置于被摄人物的后方，制造逆光的效果，主要用于勾画人物的外沿轮廓线。

（4）背景灯

为了突出主体、表现空间深度，通常使用背景灯使人物与背景分离，灯光的位置、亮度由摄影师根据需要设定。

（5）发型灯

发型灯可增加头发的亮度和层次、突出发型和发丝质感。发型灯光的位置位于被摄者后侧面。

（二）现场灯光的运用

现场灯光是指被摄人物所处环境的灯光，如家庭室内灯光，教室、办公室、展览馆等公共场所的灯光。在这些现场光下拍摄人物与肖像的优点是有现场气氛，缺点是光线较弱、快门速度很难控制，另外色温不平衡。

（三）闪光灯的运用

在使用内藏和独立闪光灯作主要光源拍摄人物与肖像时，操作比较方便，但往往会在被摄人物后面留下不好的阴影。为了避免阴影干扰主体的表现，建议用以下方法。

①采用横握相机方式拍摄，虽然有阴影，但是左右对称。

②贴着背景拍摄，缩小阴影的范围。

③远离背景拍摄，使阴影淡化。

④深颜色背景前拍摄，让阴影融到背景中去。

⑤利用光的反射原理，将光线投向墙壁、反光板等，用反射光线照亮人物。

⑥用有一定空间深度的背景拍摄，如窗口、门口或夜间比较空旷的背景都能消除阴影。

二、自然光的运用

（一）室外自然光的运用

室外自然光主要是太阳光，不同天气的太阳光的表现有所不同。一天的时间内，光线照射的角度也不一样。晴天阳光直射，形成明显的反差。因此，上午和下午拍摄的人物效果比较好，中午不利于拍摄，理由是顶光下人物的五官会留下浓重的阴影。其实要看摄影师如何操作，要消除五官阴影就要加用反光板或者使用闪光灯。

阴雨天和雾雪天的自然光主要是散射光和反射光，如阴天、雾天光线比较柔和，光线为散射状态，没有明显的方向性，任何角度都可拍摄。雨天和雪天的光线同属散射光，所不同的是地面雨水和积雪会有不同程度的反射光，这种环境在拍摄人物时还起到了辅助照明的作用。

（二）室内自然光的运用

室内自然光主要是从窗口、门口射进来的光线，光线的强弱取决于室外天气、门窗大小和朝向及人物离光源的距离。室内自然光最大的特点是光源的方向性基本固定，拍摄人物影调自然生动，慢速度拍摄需要使用三脚架或提高感光速度。

三、混合光的运用

同时有两种光源的光称作混合光，如以自然光为主，用灯光作补光，自然光辅助。在某种情况下同时使用两种光源拍摄人物，画面色温不一致，一般要用滤色镜或改变灯光颜色来校正，数码相机可通过调整白平衡来校正。不过，有时候在混合光下拍摄且不校正色温还会有一种特殊效果。

第三节　人物与肖像摄影在影调和色调方面的技巧

一、人物与肖像摄影的影调

画面黑、白、灰所占的比例大小形成画面的影调。人物照片的高调是指白色占绝对优势，低调是指黑色占绝对优势，中间调是指灰色占绝对优势。根据明暗反差的不同，影调可分为软调和硬调，反差小的为软调，反差大的为硬调。影调可通过前期拍摄和后期制作两种方式获得，前期拍摄中使用自然光和人造光均可。

（一）高调的拍摄方法

①被摄者应穿白色或浅色的衣服。
②白色的背景适合浅色衣服，浅色背景适合白色衣服。
③使用稍正面的顺光拍摄降低人物面部的光比。
④宁可曝光过一点，不得减少曝光。

（二）低调的拍摄方法

①被摄者穿黑色或深色衣服。
②穿黑色衣服可用深色背景，穿深色衣服可用黑色背景。
③拍摄带环境的低调照片可选用深色的背景。
④可适当加用轮廓光，以表现空间感。
⑤人物面部的光比稍大一些，曝光要准确。

（三）中间调的拍摄方法

①被摄者衣服、背景、环境色调没有统一要求，光比控制在 1：3 左右。

②画面的明暗分配要相对平衡，既不可绝对平均，又不可相差太大。

③根据人物需要选用顺光、侧光或逆光。

④要较好地表现人物的层次和质感，影调协调十分重要。

（四）硬调的拍摄方法

①人物光比控制在 1：5 左右，反差加大，但仍保留层次过渡。

②降低中间层次，突出立体感。

③取平均曝光值，使亮部和暗部都能较好地被表现。

二、人物与肖像摄影的色调

色调是指摄影画面的主要色彩倾向，或者是指给观众的色彩印象。人们观赏照片，第一印象是它的色调，当集中注意力欣赏时，才涉及它的内容和构图。色调包括人物衣服的色彩和背景、环境的色彩等。色调的配置与摄影画面的内容构图紧密相连，所以色彩要为表达一定的主题内容服务。色调分为暖色调、冷色调、重彩色调、淡彩色调等种类。

（一）暖色调的拍摄

暖色调的拍摄是指利用红、橙、黄色作为主色调拍摄。暖色调适合表现活泼、热烈、奔放的主题。

（二）冷色调的拍摄

冷色调的拍摄是指利用青、蓝、紫色作为主色调拍摄。冷色调适合表现宁静、肃穆、淡雅的主题。

（三）重彩色调的拍摄

重彩色调的拍摄是指利用鲜艳、高纯度的色作为主色调拍摄。重彩色调能给观众强烈的色彩刺激和感受，适合表现朝气蓬勃、豪放热情的主题。

（四）淡彩色调的拍摄

淡彩色调的拍摄是指利用纯度低的浅颜色作为主色拍摄。淡彩色调能给观众和谐、平静的感觉，适合表现清新、优雅、恬适的主题。

第四节　人物与肖像摄影的实用方法

一、构建联系

许多摄影师偏好拍摄的对象是风景和花，这是因为拍摄对象静止不动，便于把握。而人的表情瞬间即逝，当拍摄人物肖像时，摄影师的目的是透过拍摄对象的部分表情淋漓尽致地展现拍摄对象的情绪、性格等。

当拍摄人物照时，灯光固然重要，但是了解如何显示出拍照对象的感情同样不可或缺。摄影师和拍摄对象间必须相互尊重，但是重中之重是确保拍摄对象在照相机面前依然故我、轻松自在。

摄影师和拍摄对象间要亲切交谈，纵使只谈几分钟也比毫无交流要好得多，要向拍摄对象解释照片力求表现的内容：想要人们看到照片时产生何种情感？照片的整体感觉是什么？通过与摄影对象谈论这些问题，有利于二者之间建立更好的联系，从而在工作中协调配合得更好。

二、光圈优先

当拍摄肖像和人物时，首要考虑的事情是设置一个较大的光圈。使用较大的光圈，所得到的景深也就较浅，从而使拍摄对象更富有锐度，背景也会变得更模糊。这样一来，会使拍摄对象显得与背景越发迥然不同，更加凸显人物。

使用长焦镜头或可近距离变焦的袖珍相机，可以在照片中营造背景虚化的效果。较大光圈的另一好处是可以使用更快的快门速度进行拍摄，从而有效防止因拍摄对象移动而影响拍摄效果。在拍摄小孩子时，这点至关重要。

肖像摄影中使用光圈优先很有益处。一方面，这可以控制景深；另一方面，相机的曝光表可以自动控制快门，使拍摄变得更加快捷。因此，不会错过任何一个美丽瞬间。光线不足时，务必要监视快门速度，一定要保证足够快的快门速度，以防止出现模糊。

三、搜索开放式阴影

通常来说，人物照的最佳光照效果源自和煦的阳光，阳光灿烂反而不美。柔和的光线便于看到面目表情的更多细节，而不会使脸部笼罩着浓重的阴影。

正午时分，拍摄人物照时面临的最大问题是，直射头顶的阳光会造成脸部强烈的明暗对比和阴影。直照会在眼窝处形成阴影，使人看起来就像滑稽的浣熊。即使在快天黑时，明暗对比通常也很强烈，由于在这时候，肖像的一半处于阳光直射下，而另一半却处于阴影之中，因此，半边脸要么泛白，要么会陷入黑影之中。

大多数情况下，较柔和的光线并非可遇而不可求，只需腾出片刻之暇四处看看，就可以在身边找到。其中寻找的光线环境被称为开放式阴影。轻霾、大树甚至是一个建筑物的另一面都可能是产生开放式阴影的理想环境。

在直射日光下拍摄时，人物很多时候会眯上眼睛；而在开放式阴影中拍摄时，却极少出现这种情况。当拍摄对象处于大树的树冠下时，柔和的光线普照在人的脸上，让人看起来似乎是沐浴在来自四面八方的光线之中。

在开放式阴影下，测光方式五花八门。大多数情况下，测光表就足堪大任，但是要将光圈在 +1/3 到 +2/3 挡进行过度曝光，会很好地增加场景亮度。另外，针对阴暗环境，要确保正确设置白平衡。白平衡设置不正确，拍摄出的图像往往会显得过蓝（跟色温有关，阴影时色温最高）。使用正确的白平衡不会破坏丰富的肤色，另外，尽量使拍摄对象接近阴影边缘，有助于给脸部增加更多的亮度和质感。

四、柔焦拍摄

通常有些人物脸上的雀斑、皱纹、黑痣等会被清晰地记录下来，为了美观，不少摄影师会采取柔焦的方法减弱或去掉脸上的瑕疵，称其为柔化效果。这种方法在影楼里面经常被采用。获得影像的柔化有两种方法，一种是通过前期拍摄时获得，另一种是通过后期制作时获得。

柔焦肖像拍摄制作的方法及注意事项如下。

①使用柔焦镜头拍摄或在镜头前面加用柔焦镜片，柔化程度根据需要选定。

②在 UV 镜上薄薄地涂上一层油脂，千万不要涂在镜头上。

③在镜头前面加上一层黑色的细尼龙袜，一定要绷紧细尼龙袜，手动测光相机要加大曝光量。

④在气温比较低的环境拍摄时，可对着镜片呵一口气再拍摄。

⑤不管使用哪种方法拍摄柔化照片，始终要先准确聚焦后再操作，因为柔化不等于虚化。

⑥数码肖像可用软件在电脑上修饰脸上的瑕疵或进行柔化处理。

第五节　人像摄影经典类型分析

一、证件人像摄影

证件人像为单个人物头像，以前用 135 胶片相机拍摄，现在大多用数码相机拍摄。人一生要拍多次证件人像，如刚出生要办户籍证、独生子女证，不同年龄段要办学生证、毕业证，还有身份证、工作证、医疗证、驾驶证、会员证、参赛证、会议证、评委证、护照等。不同的证件照有不同的要求，身份证照更为严格，如不能化妆、不能戴饰品、不能戴帽子、耳朵要露出来、要穿深色衣服等。

证件照分黑白和彩色两种，以彩色居多。证件照的背景色分为红色、蓝色、白色三种。生活中证件照的尺寸有大 2 寸（3.5cm×5.3cm）、小 2 寸（3.3cm×4.8cm）、1 寸（2.5cm×3.5cm）之分。拍摄证件人像可用人造光，也可用自然光，通常采用顺光或者前侧光拍摄。

拍摄证件人像要注意以下几点。

①被摄者衣着要整洁，深色有衣领较好，正面端坐，两肩平行，双手放在大腿上，视线看照相机镜头。

②摄影师不可过多摆布，要尽可能让被摄者轻松自然，避免拍摄出表情呆滞、肌肉紧张的照片。

③照相机与被摄者视线同高，镜头焦距为 100mm 左右最为合适，采用大光

圈，以人眼为对焦点，不可加用柔焦镜片。

④证件人像取景时大小比例要适中、头像左右留出的空间要对称，头顶留出的空间为左右空间的 1/2，下边拍至衣服的第二颗纽扣处。

⑤使用人造光拍摄时主光和辅光的光比要控制在 3：2 左右，如果需要可加一盏发型灯，白背景不用加。

⑥使用自然光拍摄同样要有主光、辅光效果，通常采用窗口或门口射入的光线作为主光，人物处在主光光线 45°位置，头像阴影面用反光板照亮作为辅光。

⑦无论使用人造光还是自然光拍摄，被摄人物眼球上的高光点只有一个，而且是对称的，不得有多个高光点。

⑧背景颜色应在拍摄时一次完成，有人习惯在电脑上置换背景，这样做使人像看起来似剪贴上去的，合成的背景色不自然。

二、集体人像摄影

集体人像摄影也称作团体照，少则几十人，多则几百人。例如，各种会议合影、毕业生合影等均属于这一类。拍摄表现形式有两种：一种是有首长、领导参加的，要求队形整齐、视线统一、互无遮挡，不管队列是站立还是坐着，前排中央均为首长、领导，然后依次排开；另一种是没有等级之分的合影，形式可以活跃一些，拍摄方法可根据现场气氛而定，甚至抓拍一些生动的场景。

一般，大型的集体人像拍摄都在户外进行。有条件的可利用现场的台阶，当然要看当时阳光照射的角度是否符合现场台阶的朝向。通常使用木制梯凳，每个梯凳有 3 个台阶，每个台阶可站 4 个人，根据人数多少进行组合。还有一种是用角钢制作的临时台阶，可以加高延长，组装拆卸十分方便，能满足千人左右的合影。

拍摄集体人像照相机的选用应根据拍摄人数决定，几十人用专业单反 135 相机就可以，一百人左右得使用 120 相机，超过二百人要使用 4×5 座机，或者将其换成 6×12 的 120 后背相机，还可选用宽幅的 135 相机或宽幅的 120 相机，超过千人最好使用摇摄像机。相机的镜头焦距选用标准镜头和中焦镜头，不可使用广角镜头，否则队伍人物会变形。在没有座机和宽幅相机的情况下，可考虑拍接片的方法，数码相机和胶片相机都可以，只是胶片后期要扫描成电子文件，然后在电脑上拼接。不管用哪种相机拍接片，前后曝光要一致，并留出拼接的部分。拍摄集体人像还要注意以下几点。

①集体合影有领导参加的，前排应摆上靠背凳，贴上姓名，让领导对号入座，同时整个队形以矮、中、高的个子依次往后站，前后排错位站，即后排的人站在前排两人中间，同时注意色彩搭配，不要让相同服装颜色的人集中在一起。

②对于拍摄几百人的合影且跨度比较大时，为防止队伍两头人物不清晰，队伍应排成弧形，即队伍前排每个人与相机都是等距离的。

③拍摄户外集体人像的最佳光线为薄云遮日或阴天的漫射光。晴天阳光灿烂时，尽量避开中午时间和阳光正面照射人物，最好选择前侧光。

④为了保证景深和人物的清晰度，应开大光圈对焦。焦点一般对在第二排或第三排人物上，如果只有两排，焦点一定要对在第一排人物上。

⑤拍摄时尽可能使用小光圈，如 $F16$、$F22$、$F32$、因光圈缩小，快门速度自然就慢下来了，大都在 1/30s 左右，这时必须使用快门线启动快门，尽量防止相机的晃动，哪怕是轻微的晃动。

⑥为了防止晃动，三脚架一定要牢固。脚架的选用由相机的体积决定，135相机和120相机配中号脚架，座机应配大号脚架或立柱式带方向轮的脚架。

⑦要想达到准确曝光，必须准确测光。要用测光表分别测出入射光、反射光的读数，综合确定曝光组合，也可参考有测光装置的相机测出的数据，用梯级曝光法拍摄。

⑧为了防止有人闭眼，被摄者要统一视线看向镜头，或者摄影师按快门前要发出信号，随即按下快门。一般拍摄不得少于三张。

三、婚纱人像摄影

婚纱摄影也称作结婚照，在国外非常流行，20 世纪 20 年代传入中国，至今盛行不衰。青年新婚夫妇热衷婚纱摄影，中老年夫妇也乐意拍摄"金婚"或"银婚"纪念照。早期的婚纱摄影仅局限于室内摄影棚，随后转移到室外，也有把新房作为自己的拍摄场地的。

婚纱摄影可以请影楼的专业摄影师拍摄，也可以请业余摄影师拍摄，甚至可以租婚纱自己给自己拍摄，前提是要懂得使用照相机和掌握摄影的基本常识。很多现代青年选择参加单位、工会、妇联组织的集体婚礼，几十对、上百对新人一起拍摄的婚纱照同样喜庆。总之，不管是被摄者，还是摄影师，双方要加强协商，要配合默契，这样方可皆大欢喜。

四、设计人像摄影

拍摄形象设计师创作加工了的人像称作设计人像摄影。设计人像具有特定的化妆与造型，一般化妆比较浓艳，服装造型也比较独特，有古典的、现代的，甚至有些是怪异的。要拍好设计人像，摄影师除了具有较好的摄影技术，还必须具备较高的艺术鉴赏力和表现力。通常形象设计师在构思创作时，是将特定的人像作为艺术作品来塑造的，摄影师能领会设计师的意图并产生共鸣，这是拍好设计人像的前提。否则，摄影只是再现而不是表现。

五、民俗人像摄影

我国地域辽阔，人口众多，有五十六个民族，各民族都有自己的民俗风情，而人物又是民俗活动的主要对象，因此，要拍好民俗人像注意以下两点。

（一）熟悉了解各民族习俗活动

当外出采风或旅游时，出发前要做一些准备工作。可以上图书馆查找相关的资料，或者上网搜索，内容包括：要去的地方是哪一个民族的聚居地，这个民族有哪些习俗和禁忌，所在地有哪些名胜风景，有哪些民俗节日并在在什么季节举行。例如，同是农历三月初三，黎族为三月三节，湖南苗族为三月三歌会，贵州苗族为射花节，壮族为歌圩节，瑶族为开耕节，侗族为插秧节等。

（二）表现人物的性格特征

民俗活动中的人物形象一般是在活动现场中抓拍的，这样所摄人物形象生动自然。有时也可将拍摄意图告知拍摄对象，以取得被摄者的配合。要表现好人物的性格特征，除了被摄人物与其民族职业特征相符，还可着重表现被摄者的生活环境或服饰、头饰等具有民族特色的道具。

六、模特人像摄影

模特一般都经过专业训练，具有较好的气质和形象，因此，深受摄影师的青睐。不管是业余摄影爱好者，还是专业摄影工作者，都喜欢把模特作为拍摄对象。除了选美比赛的模特，有些商业活动也少不了模特的参与。例如，某些品牌的时装发布会，时装模特的表演尤为重要；汽车展销会上的模特更引人注意，"香车美女"就是商家促销的一种形式。诸如高新技术交易会、文化艺术博览会、婚纱摄影展览会等活动既是模特表演的舞台，也是摄影师演练摄影技能的平台。

第五章　旅行与风光摄影探究

本章内容为旅行与风光摄影探究，介绍了旅行与风光摄影的发展与流派、旅行与风光摄影所需的装备和器材、旅行与风光摄影的题材选择、旅行与风光摄影常用的方法和技巧及星空摄影技术相关阐释。

第一节　旅行与风光摄影的发展与流派

一、旅行与风光摄影的起源与发展

旅行与风光摄影历史悠久。1839 年 8 月 19 日，法兰西美术学院举行科学院和美术学院联席会议，正式确认法国人路易·雅克·曼德·达盖尔的银版摄影法创立了摄影术并公之于众，这标志着摄影术的正式诞生。摄影术诞生至今已有180 多年的历史，其实早在摄影术正式诞生之前，世界上第一张旅行与风光摄影作品就已经问世了。

1826 年，法国人约瑟夫·尼塞福尔·涅普斯（Joseph Nicéphore Nièpce）拍摄了《窗外的景色》。他在法国居所的顶楼上，对着窗外自然景色，用自制的照相机进行了长达 8 个小时的曝光，拍摄到了被认为是摄影史上第一张能够永久保存下来的关于自然界的照片。当时涅普斯使用的是"日光刻蚀法"，每拍一张照片，都需要很长的曝光时间，无法制作高质量的照片，那一个阶段的摄影作品还谈不上创作，只是涅普斯的试验品。

1837 年，摄影术发明人路易·雅克·曼德·达盖尔创立了"银版摄影法"，代表作《巴黎寺院街》，照片影纹细腻，影像锐利（如图 2-4 所示）。1841 年，威廉·亨利·福克斯·塔尔博特（William Henry Fox Talbot）发表了"卡罗式摄影法"，得到的是底片，有利于影像传播，代表作品《打开的门》。

这个时期记录静态的自然旅行与风光、野外景物成为摄影的一个主要创作领域。到了 1851 年，英国摄雕塑家弗雷德里克·斯科特·阿切尔（Frederick Scott Archer）发明"火棉胶摄影法"，在玻璃板上得到了非常清晰的影像，而且感光度提高，曝光时间可缩短至 15～60s，为旅行与风光摄影的普及奠定了基础，涌现出一批颇有建树的旅行与风光摄影家。1855 年，法国人陶配诺（J.M. Taupenot）制成干版火棉胶，使旅行与风光摄影更加便利。1871 年，英国人理查德·利奇·马多克斯将溴化银与明胶混合，涂于洁净的玻璃板上，制成感光"干板"，便于摄影师携带外出拍摄，促进了旅行与风光摄影的发展。1881 年，乔治·伊斯曼创立"伊斯曼干板公司"，为现代感光胶卷的诞生奠定了基础，对推动旅行与风光摄影的普及起到了重要作用。这时候，美国摄影爱好者汉尼巴尔·古德温（Hannibal Goodwin）发现了一种更加理想的制作感光胶卷的物质——赛璐珞，并于 1887 年 5 月 2 日申请了专利。从此感光胶片开始走向成熟，旅行与风光摄影也进入一个全新的发展时期。

任何形式的艺术作品，都是创作者对事物本质的理解和诠释，寄托着创作者对生活的热爱和追求，体现着创作者的艺术品位和文化修养。旅行与风光摄影作品与其他形式的艺术作品一样具有上述特征。当人类文明融入旅行与风光摄影创作之中后，旅行与风光摄影就不再是对大自然的一种简单、机械的记录，而成为人类和大自然的一种沟通方式，它神奇地展现了摄影师对大自然的感悟，这就使得旅行与风光摄影逐步地演变成为一种人类与大自然进行交流的语言、一种用照相机说话的视觉语言。优秀的旅行与风光摄影作品能给观赏者提供一个无限遐想的空间和视觉上的艺术享受。对于旅行与风光摄影创作来说，与时俱进是永恒的目标，也是每一位旅行与风光摄影师终身的不懈追求。

二、旅行与风光摄影的流派

随着旅行与风光摄影的发展，历史上相继形成了几个摄影流派，它们分别是画意派摄影、自然主义摄影、"F64 小组"、纯粹派摄影等。这些流派的一些观念至今对摄影界仍然有着深远的影响。

（一）画意派摄影

摄影术诞生至今只有 180 多年的历史，而绘画艺术则历史悠久、源远流长。摄影术的发展各方面都借鉴了绘画艺术。早期的摄影家在创作上受到绘画的影响，追求画意效果。画意摄影运动产生于 19 世纪 80 年代，先后经历了"模仿绘画形式""崇尚典雅风格"和"追求诗情画意"三个阶段。

1851 年到 1853 年，是画意摄影的萌动期，从塔尔博特开始，欧洲风景画的传统就浸入到旅行与风光摄影，到法国摄影家卡米尔·西尔维（Camille Silvy）时期，这种运用风景画的审美风范创作旅行与风光照片的技巧已经很娴熟了。他的作品《法国休斯溪谷》（1858 年）（如图 5-1 所示）与同时代任何画家的风景画相比也毫不逊色。其中最著名的摄影家还有威廉姆·亨利·杰克逊（William Henry Jackson），他被认为是早期西部最重要的美国摄影家之一。

图 5-1 《法国休斯溪谷》，卡米尔·西尔维摄影

英国摄影家亨利·佩奇·鲁滨逊（Henry Peach Robinson）是画意摄影的集大成者。1869 年，他出版了《摄影的画意效果》一书，深入阐述了摄影艺术的基本原理，提出："摄影家一定要有丰富的情感和深入的艺术认识，方足以成为优秀的摄影家。摄影技术的继续改良和不断发明，无疑为摄影家的创作提供了自由发挥的空间，但是技术上的改良并不等于艺术上的进步。因为摄影技能本身无论怎样精巧完备，它只是一种能够引领我们达到更高艺术目标的手段而已。"[①] 他的论点

---

① 孙茂新. 摄影理论与实践 [M]. 长春：吉林美术出版社，2018.

对摄影艺术的发展是一种跨时代的真知灼见。1884 年，鲁滨逊又出版了《照片的构图方法》一书，对二十余年的画意摄影实践做了系统的总结。可以说，亨利·佩奇·鲁滨逊为"画意摄影"奠定了理论基础，使之有了比较系统、完整的理论体系。

印象主义摄影是画意摄影的转型。19 世纪 80 年代，画意摄影的主导地位逐渐消退，但是绘画对摄影的影响力并没有就此消失，而是从另外一个新的角度对摄影产生了剧烈影响，到了 19 世纪 90 年代，受印象派绘画的影响，以焦点视觉理论和印象派绘画的表现形式为基础的印象主义摄影诞生了。摄影师们纷纷运用柔焦、软焦、漫射镜等方法进行创作，目的是使自己的摄影作品与印象派绘画在视觉上更为接近。代表人物是英国摄影家乔治·戴维森（George Davison）。他于 1889 年用针孔成像法拍摄的《洋葱田》，有意削弱清晰度，追求朦胧隐约，光晕雾浸的印象派效果，是典型的印象主义摄影作品。1890 年，他在一次关于"摄影的印象主义"的讲座中提出："尽管锐度和清晰度对于一些照片是至关重要的，但是在其他情况下，它们也可能毫无用处，起决定性的因素是摄影师在艺术上的观念。"[1] 戴维森在创作上追求的是一种艺术观念上的改变。

1902 年，摄影巨匠，被称为"现代摄影之父"的美国摄影大师阿尔弗雷德·斯蒂格里茨（Alfred Stieglitz）在纽约创立了"摄影分离派"，出版摄影刊物《摄影作品》，成立"291 画廊"，与欧洲的"连环会"遥相呼应，积极推广画意摄影。值得一提的是美国摄影大师爱德华·斯泰肯（Edward Steichen）也是分离派的创始人之一。爱德华·斯泰肯早期的许多摄影作品主要体现了印象主义风格，是一位对摄影有突出贡献、继往开来式的人物，他的一生摄影活动涉猎广泛，影响深远。到了 1904 年，国际性的摄影组织"画意摄影协会"成立了，并于当年在法国巴黎举办了第一届巴黎国际摄影沙龙展，由此把画意摄影推向高潮。

在现代亚洲地区也先后出现了受"画意摄影"影响很深的大师级旅行与风光摄影家，如中国的郎静山、陈复礼，日本的前田真三等都享有世界声誉。

郎静山（1892—1995），浙江兰溪人，中国最早的摄影记者。他创立的"集

---

[1] 孙峥琦 . 风光摄影 [M]. 北京：中国轻工业出版社，2011.

锦摄影"艺术，在世界摄影史上独树一帜。他一生精研摄影艺术创作。郎静山的作品曾成功地进入世界众多的摄影比赛。从 1932 年他的《柳丝下的摇船女》入选日本摄影沙龙后，紧接着他的《春树奇峰》又入选英国的摄影沙龙。从此以后，他的集锦摄影就频频在世界的沙龙摄影上得奖，前后共有 1 000 多幅作品在世界的沙龙摄影界展出。曾经获得美国纽约摄影学会颁赠的 1980 年世界十大摄影家称号。郎静山的集锦摄影技术，仿国画、写意抒情、师古之法，在形式上模仿传统国画，题材和主题意趣多取自古画、古诗词，达到了中国绘画风格和摄影技法的统一，既具有个人的艺术风格，又有着鲜明的民族特色。正如美国摄影学会会长甘乃第（Kennedy）所指出的：郎先生为中国人，并且又研究中国绘画，所以他是将中国绘画的原理应用到摄影上的第一个人。1995 年，摄影大师郎静山在台北逝世，享年 104 岁。

陈复礼（1916—2018），中国当代最负盛名的旅行与风光摄影家。他的摄影作品也深受中国国画的影响，充满了诗情画意。他在中国画意摄影的理论上也作了较为系统的总结，1962 年香港出版的《沙龙摄影年鉴》影艺专论——《论中国画意与风景摄影》一文中，他这样写道："提倡风景摄影，实在不能不重视中国画的传统。首先，中国具备了优秀的自然条件，从寒带到亚热带，奇诡秀丽的山川不知凡几，经过千多年来历代中国画家的刻意经营，在山水和风景创作方面，已发展到了高深的境界。所以从事风景摄影，而不考虑到中国画的创作方法，将是莫大的损失。"[1] 当然，风景摄影发展的途径很多，但中国山水无疑是一条发展道路。这条大道已经被前人开辟过，而且取得过成就，可惜是浅尝辄止，方法亦未尽完善，这条道路由中国画意摄影家继续开辟，驾轻就熟，相信会取得更大的成就。他早期的作品《香河朝汲》《昨夜江边春水生》等，就是在 20 世纪 50 年代初期拍摄的，在创作风格上刻意追求画意的效果，这些作品有着明显的画意的痕迹。1950 年以后，他的作品开始入选国际沙龙。晚年的陈复礼和多位著名画家合作，创作了许多影画合成的作品，独成一派（如图 5-2 所示）。

---

① 刘铁生.影像灵魂：记忆与思想 [M].北京：中国民族摄影艺术出版社，2014.

图 5-2 《不染》，陈复礼摄影

日本摄影家前田真三（1922—1998），1922 年生于东京郊区，在其 45 岁时全身心地投入到他所迷恋的摄影事业中去。很短的时间内他便在旅行与风光摄影领域里树立起自己独特的风格，被人们称作"风景摄影中的抒情诗人"。他的作品炉火纯青，蕴含着东方的诗化艺术境界。欣赏他的作品时，仿若哲人看宇宙，有仰俯天地、上下求索的心境，最终能让观赏者产生一种平和寂静的感觉。在技巧上，前田真三追求大片幅的精细，篇幅最大由 8in × 10in 到最小的 6in × 6in（1in=2.54cm），所有拍摄都使用三脚架，大多数作品采用光圈 F22，可以说是将旅行与风光摄影的技巧推向了极致。

现代的欧洲至今仍有许多追求画意的旅行与风光摄影家，戴维·沃德（David Ward）是英国大画幅摄影最成功的摄影大师之一。从事大画幅摄影二十多年，其摄影以构图简练和技艺高超而独树一帜。他的摄影作品充满诗情画意，尤其在色彩运用上，更是独到、优雅。

（二）自然主义摄影

19 世纪下半叶，自然主义风潮在欧美兴起，旅行与风光摄影也向自然主义的方向发展，代表人物是英国摄影家彼得·亨利·埃默森（Peter Henry Emerson）和乔治·克里斯托弗·戴维斯（George Chrystal Davis）等，他们在摄影上的共同取向是重回自然，客观地、直接地记录人与自然的和谐相处，主张将人类置于大自然中去表现。埃默森 1889 年在伦敦出版了《自然主义摄影》一书，他在书中直接指出画意摄影的方式是"支离破碎式的"，对鲁滨逊述叙画意摄影的通俗读物《摄影的画意效果》进行强烈的抨击，因此在摄影界引起了巨大的反响。他提出摄影最本体的表现是真实、自然，反对修饰和加工。提倡用写实的手法展现自然平朴的美感，埃默森还同时提出了焦点摄影理论，他认为人的视觉边界是不明确的，中间部分清晰，边缘部分模糊。为了使照相机达到人类视觉再现的效果，他劝告摄影同行不必使影像都达到最清晰的程度，仅是清晰地展现景物的部分完整细节，就能获得更自然的效果。[①] 他的摄影理论和实践影响了相当大的一批摄影师，这些摄影师深入到英国的风景区和乡村，拍摄了很多影响深远的自然主义摄影作品。其中尤以英国摄影家里德尔·沙耶（Riedel Sawyer）的成就最为引人注目，该摄影流派摄影史上被称作"自然主义摄影流派"。

被誉为"现代摄影之父"的美国著名摄影家阿尔弗雷德·斯蒂格里茨于1902年在美国创办了一个新团体"摄影分离派"，举起了与传统的画意摄影分离的摄影分裂主义大旗，其本人创作活动非常丰富。作品平朴自然，毫不虚假，对后起的"纯摄影"影响巨大。摄影分裂派一直延续到1917年，关闭了"291画廊"，《摄影作品》也同时停刊。以此为标志，画意摄影再也不是"前卫"运动了，是摄影分离派帮助新现实主义摄影（直接摄影派）取代了画意派摄影。

新现实主义摄影（也译为"直接摄影派"）起源于德文的"Neue Sachlichkeit"，这一德文名词首先出现在德国画家的作品上，当时这些画家由表现主义转向现代的现实主义，随后，这一名词在20世纪20年代开始被摄影界所采用，意在表明坚决放弃在沙龙中长期占主宰地位的画意摄影，开始以直观的、不矫揉造作的现实世界作为艺术影像的源泉。从题材的选择上，这一流派更多地注重现实中具有丰富细节的影像——从变幻的风景、不加修饰的肖像到盘根错节的植物形态特写；从树木、石头的自然结构到冰冷的机械产品。在拍摄的手法上，要求充分利用自然光照，努力展现其丰富自然的影调和清晰的细节，突出摄影家对光线极强的控制能力，而舍弃后期的暗房特技加工制作。

新现实主义的倡导者是德国倡导"新客观"运动的摄影家艾伯特·兰格－帕奇（Albert Renger-Patzsch）和卡尔·布劳斯菲尔德（Karl Blossfeldt）。1928年，兰格－帕奇的作品被汇集成册，取名《世界是美丽的》。影集生动地表现了建筑物、

① 陈卫民.数码单反摄影实用技巧大全 [M].合肥：安徽科学技术出版社，2013.

机械、风景、植物和动物的细节，引起了人们的普遍关注。布劳斯菲尔德也出版了自己的摄影集《自然的艺术形态》，他努力表现自然物体中的局部细节，并将照片中的实物放大到比真实物体更大的画面，包括在柔和的漫射光下拍摄植物的结构，获得如同"建筑般"的特写。他的照片以自然物体和人造对象的相同点引起人们的惊奇感，收到了很好的效果。

（三）"F64 小组"

20 世纪二三十年代，旅行与风光摄影的发展进入了一个非常成熟的时期，这一时期摄影家们普遍关心的问题是如何使世界更加清晰地呈现在人们的眼前，这就使受分离派影响的摄影者开始了新的探索，1932 年，一个新的流派摄影团体——"F64 小组"在美国的加利福尼亚州成立。"F64 小组"成员里出现了许多级杰出的摄影师，其中最值得一提而且影响最大的人物应该是美国摄影师安塞尔·亚当斯（Ansel Adams）和爱德华·韦斯顿（Edward Weston）。

爱德华·韦斯顿被美国摄影界誉为直接摄影的先驱，摄影界的"毕加索"。韦斯顿作品的特色是清新、直率、自然、朴实。他善于给平凡的事物赋予诗意的灵性，以精细的影调和严谨的构图展现摄影艺术的美。他的作品艺术性极强，尤其是静物摄影，更是世界精品。

美国著名摄影家安塞尔·亚当斯是韦斯顿最亲密的影友。他在评论韦斯顿对摄影艺术的贡献时写道："说实在的，韦斯顿是现代为数不多的几个最有创造力的艺术家之一。他再现了大自然的本来面目，他表现出了造化的力量。他以意味深长的形象，刻画出了世上最基本的和谐与统一。人类在不断探索和寻求着最完美的精神境界，韦斯顿的作品照亮了这条道路。"[①]

安塞尔·亚当斯少年时学习音乐，受舅父影响，他从少年时代就开始以摄影手段表现约塞米提的风景，并奠定了他一生在摄影事业上作出卓越贡献的基础。亚当斯主张用"纯粹"的摄影艺术去表现真实美丽的世界，亚当斯认为，摄影家正如其他艺术家一样，选择自己有独到性的事物和领域，去表现世界。[②]他也是这样规范自己的创造活动的，在他六十多年的摄影创作活动中，一直以拍摄旅行

---

① 王传东 . 百年摄影大师名作解读 [M]. 济南：山东教育出版社，2019.
② 宋艳丽 . 摄影美学 [M]. 石家庄：河北美术出版社，2016.

与风光题材为主。亚当斯一生拍摄了大量的旅行与风光和静物照片，透过这些伟大的作品证明了他所创立的区域曝光法。区域曝光法是亚当斯一生对摄影的最大贡献，它对于今天的摄影创作还具有现实的指导意义。亚当斯的作品大气空灵、影调丰富绝伦、细节纤毫毕露。看他的原作，如置身于大自然之中，可以感觉到森林中的潮湿，甚至可以伸手抓到一把雾气。亚当斯 1941 年的作品《月升》（图5-3），一直是他的摄影作品中最受欢迎的一张作品。

图 5-3 《月升》，亚当斯摄影

1932 年，安塞尔·亚当斯与爱德华·韦斯顿、伊莫金·坎宁安（Imogen Cunningham）等具有相同摄影理念的年轻摄影师，组织创立了"F64 小组"。"F64 小组"名字来自于当时镜头最小的光圈值，意味着追求最高的清晰度，"F64 小组"的美学追求正是在这一点上与摄影分离派分道扬镳。"F64 小组"最终摒弃了柔焦与重铬酸盐印相虚影工艺，使摄影割断了与绘画联系的纽带。小组成立之时还发表了一份掷地有声的"F64 小组"宣言。这是一份历史性的宣言，一份旅行与风光摄影永恒的宣言，它值得每一位热爱大自然的旅行与风光摄影师们牢记。

"F64 小组"宣言："这个小组的名称来自照相机镜头的光圈系数，由此镜头所摄得的影像大部分都会呈清晰、明朗的特质，而这正是我们作品中的重要元素。"

"F64 小组"无意自命为摄影界的代表，也无意以筛选成员的方式，贬抑其他摄影师。在摄影界，尚有非常多的创作者，只是创作风格和技法不属于这个小组的特点。

"F64 小组"的创作只限于透过纯粹的摄影方法，确立的摄影艺术形式为一种简单、不加矫饰的"再现"。小组的成员，不论在任何时候，都不会展出不符合纯粹派摄影标准的作品。纯粹派摄影是指在这类作品中，绝对没有取自其他艺术形式的技法、构图或理念。而画意派摄影的作品则不同，这种作品秉持的创作原则，乃是直接援引绘画和平面艺术。

"F64 小组"存在的时间并不长。"F64 小组"所代表的摄影理念，却深深地影响了 20 世纪摄影的发展进程，造就了一大批摄影家，应该说"F64 小组"的创作风格和技法影响了不止一代旅行与风光摄影家。而后陆续出现了众多受其影响的著名旅行与风光摄影家，他们的摄影作品大大丰富了旅行与风光摄影的内涵，提高了旅行与风光摄影的艺术品位和价值。尽管"F64 小组"存在时间不长，但他们对旅行与风光摄影的贡献却功不可没。

（四）纯粹派摄影

纯粹派摄影是成熟于 20 世纪初的一种摄影艺术流派。这是一个很大、很有影响的摄影流派，好多国外的旅行与风光摄影家大多出于此流派，其创导者为美国摄影家阿尔弗雷德·斯蒂格里茨。他们主张摄影艺术应该发挥摄影自身的特质和性能，把它从绘画的影响中解脱出来，用纯净的摄影技术去追求摄影所特具的美感效果——高度的清晰、丰富的影调层次、微妙的光影变化、纯净的黑白影调、细致的纹理表现、精确的形象刻画。总之，该流派所追求的摄影素质为准确、直接、精细、自然地去表现被摄对象的光、色、线、形、纹、质诸方面，而不借助任何其他造型艺术的媒介。

科班 1913 年送展的《俯瞰纽约》作品，就是纯粹派中的佳作。摄影家从高处俯瞰该市的某处广场，没有进行任何的艺术加工，但是新颖的构图，独特的造型，使人们耳目一新。还有爱德华·斯泰肯的《卡尔·桑德伯格》，用多次曝光，突破了独幅作品的空间、时间的限制，在一个画面中细腻地刻画了诗人情绪的转变过程，影调的组合和构图上的变化极有韵律感。他们的作品，讲究摄影技术的娴熟运用，表现自然应有的本色，作品都不与社会、历史、人文、新闻等发生联系。

从某个角度讲，纯粹派的某些主张和创作是形式主义和自然主义的融合，后来演变为"新即物主义"。纯粹派在一定程度上促进了人们对摄影特性和表现技巧的探索和研究。

爱德华·斯泰肯是这一流派的杰出代表。斯泰肯不仅大力提倡纯粹摄影，而且以自己多年的摄影创作实践、大量丰富的摄影作品为现代摄影树起了一座历史丰碑，在摄影史上发挥了继往开来的作用。

这一流派的著名摄影家还有美国的保罗·斯特兰德（Paul Strand）、F64小组摄影组织中的摄影家，如美国安塞尔·亚当斯（Ansel Adams）、伊莫金·坎宁安（Imogen Cunningham）等。纯粹派后期的作品发生了变化，向线条、图案，还有扭曲形象的抽象方向发展。

旅行与风光摄影家们为人们留下了许多关于旅行与风光摄影的经典作品，研究和借鉴这些经典作品，是一种非常好的学习方法。解读这些摄影家的摄影作品，能够提高人们的欣赏水平和艺术修养，能够使今后的旅行与风光摄影创作站在一个更高的起点上。当然学习和借鉴的目的是继承，但是一定要在继承的基础上有所突破、有所创新、有所发展，这才是学习和借鉴的真正意义所在。

在学习和借鉴摄影家们经典作品的同时，必须能够熟练地掌握手中的摄影器材，懂得如何把握旅行与风光摄影在构图和用光上的技巧，运用摄影语言来进行摄影创作，这样才能够创作出与众不同的摄影作品。

第二节　旅行与风光摄影所需的装备和器材

一、旅行的必要装备

（一）旅行箱及背包

选择结实耐用的带轮中号旅行箱或背负系统好、结实耐用的名牌旅行背包。

（二）旅行的服装及其他用品

①鞋类包括防水户外鞋（适合长途行走和登山）、轻便拖鞋、老北京布鞋。

②冲锋衣、冲锋裤（防雨）、抓绒衣、压缩装羽绒服（夏季也要带）。

③羊毛袜、保暖内衣（春、秋、冬季）、速干内衣（夏季）、户外半截护具（护腕、护肘、护膝、护腰）、遮阳帽。

④头灯（手电）、墨镜、旅行水壶（或保温杯）、防晒霜、多功能电插座、卫生纸、湿纸巾、毛巾、牙具、个人餐具、轻便雨伞、签字笔、笔记本、通讯录。

（三）药品

创可贴、防蚊虫叮咬液、清凉油、绿油精、人丹、藿香正气水、茶苯海明、小檗碱、对乙酰氨基酚片、速效救心丸。

（四）野外摄影装备

①帐篷，一定要轻便和防水、透气、抗风皆好的名牌产品。

②防潮地席（或防潮垫）、睡袋（冬季羽绒、夏季抓绒）、充气枕。

③野外轻便炊具包括酒精炉（固体酒精）或气炉（含多个气罐）、野炊锅、打火机、套装餐具、刀叉勺筷等。

以上用品在家里都要准备齐全，但不是每次旅行都要带上所有的，而是根据线路地点、季节气候、旅行方式来选择性携带。

（五）自驾旅行装备

①出发前全面检修车辆，备胎、千斤顶和灭火器都保证能安全使用，备好整套修车工具、结实的绳索等。

②长途行驶备好机油、防冻液、刹车油、齿轮油，最好多带一个备用蓄电池。

③车载或手机 GPS 卫星定位系统、无线对讲机、车载电源转换器、车载热水壶等。

二、旅行摄影的器材准备

（一）照相机的选择

（1）配备中画幅 120 传统胶片照相机

画幅大小为 60mm×45mm、60mm×60mm、60mm×70mm、60mm×120mm 或 60mm×170mm 均可（视拍摄题材和个人喜好而定，照相机品牌视个人的经济能力而定），另外再配备一台 135 数码单反照相机和一款存储容量适宜的数码伴侣。

（2）配备大画幅传统照相机

画幅为 4in×5in 或 8in×10in（1in=2.54cm）的双轨或单轨照相机均可。同时还可以配备一款 60mm×90mm、60mm×120mm 或 60mm×170mm 的胶片后背。另外再配备一台 135 数码单反照相机和一款存储容量适宜的数码伴侣。其中配备的 135 数码单反照相机，尽量配备齐全从广角至中焦、中焦至长焦的变焦镜头。

上述两种照相机配备方式的优点是：既可以利用中画幅或大画幅照相机的画幅优势来拍风光大片，又可以利用 135 数码单反照相机的便携性来抓拍小景、纪实、民俗和路遇的趣事等，做到两者兼顾，少留遗憾。

（3）根据自己的喜好配备照相机

例如，只携带 135 相机进行拍摄，可能会更集中精力专注于创作，更易于拍到精彩的瞬间。

目前可供旅行与风光摄影师选择的照相机不胜枚举。到底选择什么样的照相机才能满足旅行与风光摄影的需求，让许多人不知所措。其实答案很简单，要创作什么风格的摄影作品，就选择可以满足创作所需要的摄影器材。只要所选照相机具备所需要的拍摄功能，可以满足创作的需求，那就是正确的选择，反之就是一种浪费（既是经济上的浪费也是体力上的浪费）。

（二）镜头的选择

①中画幅 120 型相机镜头配备如下：广角镜头 40mm、标准镜头 80mm、中焦镜头 150mm、长焦镜头 250mm（也可配备变焦镜头如 140～280mm）。还可以再配备一个 1.4 倍或 2 倍增距镜。

②大画幅 4in×5in 座机镜头配备如下：广角镜头 90mm、标准镜头 150mm、中焦镜头 240mm、长焦镜头 360mm。

③小画幅 135 型相机（包括全画幅数码相机）的镜头可选择的范围较大，目前专业变焦镜头的成像素质已十分优秀，比较实用的选择是：广角变焦镜头 16～35mm、标准变焦镜头 24～70mm、长焦距变焦镜头 70～200mm（还可以配备一个 1.4 倍增距镜）。

对于一般题材的旅行与风光摄影来说，这些选择基本够用。当然，在具体的镜头配备上，摄影师还可以根据自己的喜好和创作题材的需要（如鸟类题材的拍摄，还要配备望远镜头），选择合适的镜头组合进行摄影创作，这更能体现摄影家的个人创作风格。

总之，外出创作携带的器材不可以贪多，关键是必须要熟悉自己手中照相机和镜头的性能。尽量减少摄影包的重量，以便节省体力。当遇到精彩的瞬间时，也只能用一种照相机和镜头来拍摄，否则，容易手忙脚乱，会痛失良机。

（三）感光胶片的选择

在数码照相机流行的今天，仍然有许多旅行与风光摄影者喜欢用传统胶片进行摄影创作。传统胶片大致有黑白负片、彩色负片、彩色反转片等。其中彩色反转片以其鲜艳的色彩、丰富的层次、细腻的颗粒、强烈的质感、更高的清晰度被摄影者们所广泛采用。在彩色反转片的品牌中柯达和富士成为摄影者们的首选。柯达和富士这两种反转片各有所长，在实际拍摄中应根据具体情况选择使用。

1. 柯达彩色反转片

在还原自然色彩的能力上更接近本色，稍稍有点偏暖。它对肤色和暖色调的表现尤为突出，对冬季雪景的色调还原也很准确。所以人们常常用它来表现日出日落、秋季风光、冬季雪景，以及在阴天色温很高时用它来平衡色彩。

2. 富士彩色反转片

对自然中绿色的还原非常准确细腻。春、夏季节拍摄风光时富士彩色反转片是最好的选择。如果单从反映色彩的艳丽程度上来对比，富士反转片比柯达反转片要稍稍夸张一些。

（四）测光表

测光表是测量被摄物体表面亮度或发光体发光强度的一种仪器。在摄影过程中测光表可通过各种已知条件和根据瞬间变化的客观条件准确地提供被摄物体的照度或亮度，为摄影师提供拍摄时所使用的光圈和快门的组合参数。测光表是专业摄影师必不可少的工具。

测光表的种类有很多，它们各自的结构特点、测光区域、测光方式、感光效果、显示方式、选用光敏元件等均不相同。根据测光表测光形式的不同，可分为入射式照度测光表和反射式亮度测光表两大类。它们分别测量到达被摄物体表面的平均照度光强或被摄体表面的平均反射光亮度。

1. 测光表的相关概念

（1）受角

受角是指测光表的光敏测量头受光的有效角度。普通独立式测光表在测量被摄体的亮度时，其受角范围在 30°～45°，这个测量范围与照相机的标准镜头视场角相近。受角在 10° 以下的亮度表被称作点测光表。受角为 1° 的点测光表称作 1° 表，因其测量角度小，可以在远距离测量被摄体。当用测光表进行照度测量时，兼顾到照明被摄体的各种光源（主光源和环境光）的综合作用，半球形乳白罩将测光表的受角扩大至 180°，当测光表安装扁平乳白罩时，其受角小于180°。

（2）基准反光率

某种测光表若被设计在某一反光率下测量同一被摄体时，照度值和亮度值相等，则这个"某一反光率"称作该测光表的基准反光率。不同品牌的测光表所采用的基准反光率不尽相同，典型的基准反光率有三类：18%、12.5% 和 25%～30%。18% 是自然景物的平均反光率，12.5% 是自然景物的中级反光率，25%～30% 是黄种人肌肤的平均反光率。现在的测光表的基准反光率多为 18% 或在11%～18%，使用时应首先对其有所了解。

（3）曝光值

曝光值（Exposure Values，EV），又称为 EV 值。其最初定义为：当感光度为 ISO100、光圈系数为 $F1$、曝光时间为 1s 时，曝光值定义为 0，曝光量减少一挡（快门时间减少一半或者光圈缩小一挡），EV 值增加 1。

在曝光中，无论是光圈缩小一挡，还是快门速度快一挡，EV 值都会增加 1。例如，光圈从 F2.8 到 F3.5 或者速度从 1/30s 到 1/60s，EV 值增加 1。EV 值还可以描述照相机测光表的测光能力。$EV1$～$EV18$ 的测光表比 $EV5$～$EV15$ 测光表的测光范围要大得多。还可以简单而统一地反映拍摄现场的光照强度。测光表还可以用来描述景物的亮度差。如果对一个景物进行测光，其亮部为 $EV9$，暗部为 $EV7$，由于每个 EV 值反映的是亮度的倍数，那么其亮部与暗部的光比应该是以 2 为底数，亮、暗部 EV 值之差（9-7=2）为指数的幂与 1 的比，2 的平方等于 4，光比为 4：1；如果景物的亮部为 $EV9$，暗部为 $EV5$ 时，其 EV 值之差为（9-5=4），则亮部与暗部的光比为 2 的 4 次方与 1 的比值，即 16：1。

2. 反射式测光表

反射式测光表测量被摄体反射出来的光线，测量的是亮度，照相机内置测光表都属这一类。反射式测光表的感应器设在照相机内，测量通过镜头达到受光面的光线，这种测光的方式称作 TTL 测光。在通常情况下，反射式测光表的测光准确性高，使用灵活方便。内置测光表一般都只能测量连续光源。

TTL 测光一般有五种方式，分别为平均测光、中央重点测光、点测光、局部测光、多区域评价测光。现代最先进的照相机还采用了 TTL-OTF 测光方式，即"通过镜头测量胶片反射光"，其测光元件置于胶片的前下方，当拍照时光圈收缩，快门打开，光线照射到胶片上，一部分光线反射到测光元件上，测光系统根据感受到的光的强度，指令快门关闭。这种测光方式在每次快门打开以后还不断地对光照的强度进行即时评估，然后作出决断，因此也被称作实时测光。

3. 入射式测光表

入射式测光表测量的不是被摄体反射出来的光线，而是光源投向被摄体的光线，测量的是照度。这种测光方式的优点是不受被摄体异常的明暗变化的影响。其包括两种测量方法。

（1）被摄体测光法

将入射式测光表放在被摄体的位置上，将乳白色的球形测光罩朝向相机镜头，测得读数，一般就可以得到正确的曝光。

（2）灰板测光法

将入射式测光表直接放在景物与照相机之间，景物正对镜头的位置上放 18% 灰板，测光球对着正面射向 18% 灰板的光线进行测量。

（五）摄影附件的选择

摄影附件种类有很多，用于旅行与风光摄影的摄影附件主要有三脚架、摄影滤镜、闪光灯、遮光罩、快门线、数码伴侣、镜头的转接环、摄影背囊、辅助设备等。

1. 三脚架

为了得到清晰的影像，照相机需要稳定的拍摄条件。三脚架能够为照相机提供稳定的支撑，使照相机在相对稳定的情况下开启快门，从而完成拍摄任务。

选择三脚架时要注意同时考虑轻便性和稳定性。轻便和稳定是选择三脚架的双重指标。但不要以追求轻便性来牺牲稳定性。三脚架的材质有合金、碳素纤维、木质三种。符合轻便和稳定双重性指标的当属碳素纤维三脚架，无论是轻便性还是承重能力均优于其他材质的三脚架。

三脚架常见的节数有三节、四节及五节。三脚架的节数越多其稳定性越差，所以三节的三脚架理论上要比四节的稳定。但四节的三脚架短，在携带方面有优势。选择三脚架时，其负载能力最好在8kg左右，这样的负载能力既适合135型相机使用，也适合120型相机使用，同时还适合4in×5in相机使用。三脚架的颜色一般有白色、黑色及军绿色三种。海绵护手对于金属材质三脚架十分重要，可防止在寒冷的冬季冻伤手指。三脚架的中轴一般都可以倒装，方便低角度摄影和翻拍。意大利生产的曼富图三脚架还有可以横插的中轴，适合拍摄的题材更加宽泛。专业的三脚架上安装有水平仪，以方便检查水平度。专业三脚架中轴的底部一般有底钩，方便将摄影包或石头袋作为配重设备使用，增加三脚架的稳定性。除了悬挂配重物体，还可以悬挂杂物包，方便胶卷、摄影附件等物品的取用。

三脚架常见的专业品牌有意大利的曼富图、法国的捷信、日本的金钟、中国的百诺等，其中中国生产的百诺三脚架性价比最高。

另外，在拍摄野生动物题材、鸟类题材时，需要使用长焦甚至超长焦镜头，这时还需要使用支撑长焦镜头的支架。

2. 摄影滤镜

摄影滤镜是安装在镜头前面的过滤光线的附属镜片，它具有校正颜色、调节空气透视、调整色温、调整影调、平衡光比、控制反差、营造特殊效果等作用。

摄影滤镜外形有两种基本形式：一种是可以直接拧在镜头上的有螺纹的圆形滤镜，它的直径尺寸、类型标在滤镜边缘；另一种用滤镜架和转接器与镜头连接，滤镜通过滑槽嵌在框架上，滤镜为方形。

旅行与风光摄影常用的摄影滤镜主要有偏振镜、灰镜、渐变镜、UV镜、天光镜、柔光镜、雾化镜、ExpoDisc白平衡滤镜等。

（1）偏振镜

偏振镜也称作偏光镜，置于镜头前。它有三个作用：一是消除或减弱被摄景物（非金属）表面反光，从而清晰地拍摄到所摄对象；二是能压暗天空，增加成像反差，使被摄景物细部的颜色异常鲜明、清晰，反差增强；三是可代替密度镜使用，能延长 1～2 倍的曝光时间，有利于慢速拍摄。不同号数的偏振镜有不同的阻光率，应根据需要确定是否补偿曝光，以及补充多少曝光量。

（2）灰镜

灰镜即中灰密度镜，又叫中性灰阻光镜，简称 ND 镜。ND 镜对各种不同波长光线的减少能力是同等的、均匀的，只起到减弱光线的作用，不影响色彩平衡，因此可以真实再现景物的反差。

灰镜有多种密度可供选择，如 ND2、ND4、ND8（分别需要增加一挡、两挡、三挡曝光），也可以多片中性灰度镜组合使用。

（3）渐变镜

渐变镜主要是指渐变灰滤色镜。当被拍景物反差过大时，胶片的宽容度无法接受，使用渐变灰滤色镜就能降低反差，它能让被摄景物在胶片上的成像如同眼睛看到的现实景物那样细节清晰、真实。渐变灰滤色镜是长方形的塑料片，一半暗一半亮，中间渐变过渡。暗的一半涂有中性灰密度染料，可阻挡 2 级左右密度的光。它装在镜头前，并使暗的一半对准被摄景物中的强光区域，影像的反差就被人为地缩小了。渐变灰滤色镜解决的是反差问题，无需增减曝光量，通常按被摄景物的中灰部进行测光曝光即可。这样降低了反差，使亮部的层次得以充分再现，又能保证被摄景物中灰部细节再现。

（4）UV 镜

UV 镜又称作紫外线滤光镜，通常为无色透明的，但有些 UV 镜因为加了增透膜，所以在某些角度下观看会呈现紫色或紫红色。UV 镜的主要功能是用于吸收波长在 400nm 以下的紫外线，而对其他可见光线均无过滤作用。

它有两个作用：一是吸收紫外线（紫外线因折射率很强而使远处景物不清晰，彩色胶片会加重蓝色色调），可使远处不清晰的景物通过紫外镜后变清晰；二是可以保护镜片。在镜头前加一块紫外镜可以防止镜头被污染和磨损。由于紫外镜不阻挡光线，因此无须考虑曝光补偿。

3. 闪光灯

旅行与风光摄影主要依靠的是自然光或现场光。一般情况下不需要电子闪光灯。但在光照条件不好的情况下，需要对拍摄对象进行补光。还有的时候虽然光照条件好，但是并不能达到摄影师所要求的理想光效，仍需要调整部分光线，如逆光下被摄对象正面太暗等情况。需要补光的情况其实还有很多，尤其是旅行与风光摄影中的微距摄影、动物摄影、水下摄影等，更是对光线有特殊要求。补充光线最简单有效的方法除了用反光板，还可加用电子闪光灯。闪光灯是人工制造的以强烈瞬间闪光作为摄影照明的光源的摄影配件。

随着科学技术的发展，电子闪光灯成为摄影照明的主要辅助工具。在旅行与风光摄影中，电子闪光灯既可以帮助摄影师解决光线不足带来的问题，还可以帮助摄影师抓住许多美妙、震撼人心的瞬间。

（1）关于闪光灯需要了解的几个问题

①闪光指数：闪光指数是衡量闪光灯输出功率大小的数据指标，用字母 GN 表示，数字大则功率大，数字小则功率小。例如，指数 45GN 的闪光灯功率大于指数 12GN 的闪光灯。闪光灯的闪光指数与使用胶片的感光度有关。通常说的某闪光灯的指数，是指它在使用感光度为 ISO100 胶片时的指数。

②闪光同步：运用闪光灯摄影的时候一定要注意对"闪光同步时间"的正确理解。焦点平面快门的照相机一般采用纵走式幕帘式快门。在较长时间曝光时，快门的前帘和后帘打开持续的时间较长，在此期间闪光灯发光，能够保证被摄对象的反射光透过镜头投射到胶片上。快门前帘刚好完全启动的时候闪光灯闪光并照射被摄体，然后后帘关闭完成曝光，称为前帘同步；在快门准备关闭，后帘即将启动的时候，闪光灯开始闪光，称为后帘同步。

同步闪光是指在幕帘完全打开时闪光。如果不同步，则会出现快门幕帘的遮挡。使用镜间快门的照相机不存在快门幕帘遮挡的问题，能实现快门全程的闪光同步。闪光同步时间在相机的快门速度盘上用红色标注。一般同步时间为 1/60s、1/125s、1/250s。为了保持同步，要求曝光时间必须长于闪光灯的闪光时间。

③TTL 闪光：运用 TTL 方式闪光，其发光控制直接由闪光灯完成，不需要把光圈大小作为控制曝光的因素，因此能够灵活选择光圈，便于摄影师对景深的控制。

④手动控制闪光：普通闪光灯的手动控制闪光是依据闪光灯的功率和被摄体的距离来确定照相机的光圈值，从而求得准确的曝光。

$$光圈值 = 闪光指数 \div 闪光灯到被摄体的距离 \qquad 式（5-1）$$

通过式（5-1）能够计算出应该使用的光圈值。需要特别强调的是，这里的距离是指闪光灯到被摄体之间的距离，单位为米。距离越远，光圈越需开大，使用的闪光灯也需要加大指数。

（2）闪光灯的分类

闪光灯分为机身内置闪光灯、外置闪光灯、微距环形闪光灯、大型影室用闪光灯四大类。前三类在旅行与风光摄影中会用到。

①机身内置闪光灯：目前市面上一般的135单反自动照相机都有内置闪光灯。其特点是轻巧、方便。这类闪光灯的闪光指数较小，大多在12GN到14GN左右，光照强度有限，适合对近距离（2~4m）的被摄对象进行照明和补光。机身内置闪光灯，一般固定在照相机热靴插座的上面，使用时会弹起。

②外置闪光灯：又称为独立闪光灯，小巧灵活、可控调发光强度，能起到照明、补光、调整色温等作用。可直接安装在照相机顶部的热靴插座上，也可通过支架和连接线安在照相机的旁边或更远的地方。高端的外置闪光灯闪光指数可达到58GN，配合大口径光圈的使用，能够实现远距离的闪光摄影。专业的电子闪光灯还能够提供TTL闪光模式，即对反光量的检测区域在镜头后面的胶片平面，当闪光传感器检测到胶片平面的照明强度足够大时，指令闪光灯停止闪光。这种方式使闪光灯的曝光准确性得到很大的提高。

4.遮光罩

遮光罩是安装在照相机镜头前端，遮挡有害光的装置，也是最容易被摄影初学者所忽视的最常用摄影附件之一。遮光罩的材质有金属、硬塑、软胶等。大多数135照相机镜头都会附送原厂的遮光罩，不用另外购买，有些照相机镜头的遮光罩则需要另外购买。不同镜头用的遮光罩型号是不同的，并且不能相互替换使用。遮光罩对于摄影创作来说是一个不可缺少的重要附件。

遮光罩具有以下作用。

①在逆光、侧光或闪光灯摄影时，能防止非成像光的进入，避免雾霭。

②在顺光和侧光摄影时，可以避免周围的散射光进入镜头。

③在灯光摄影或夜间摄影时，可以避免周围的干扰光进入镜头。

④可以防止对镜头的意外损伤，也可以避免手指误触镜头表面，还能在某种程度上为镜头遮挡风沙、雨雪。

5. 快门线

快门线与照相机快门相连，主要功能是启动快门，避免手直接与照相机快门接触而可能导致照相机不稳。最好选用带锁定功能的快门线，可长时间曝光，而且要多准备几根，以备丢失或损坏。

6. 数码伴侣

数码伴侣，又称作数码相机伴侣，是一种大量储存数码图像信息的专用工具，具备从照相机存储卡里把数码图像下载到数码伴侣硬盘的功能，是数码摄影的最佳配置。数码相机伴侣还可以通过 USB 接口与电脑或手机相连接，作为一个大容量的移动硬盘使用，完成照片整理和数据交换工作，数码相机伴侣一般都有多个读卡器插槽，可支持多种型号的存储卡。如果仅是纯粹地储存数码图像，购买普通单一功能的数码伴侣即可。目前高端的数码伴侣还具备彩色液晶屏和相应的主板设计，可以预览机内的照片，甚至可以播放影片、音乐、录音等。国产的品牌有大嘴盘、爱国者、驰能等，进口的有法国的爱可视、韩国的艾利和等。目前硬盘容量多见 40G、80G、160G、250G 等，数码伴侣硬盘容量大小的选择，要视自己使用的数码照相机像素的高低和拍摄照片文件的大小来决定，至少应满足一次性外出拍摄存储的需要。

7. 镜头的转接环

由于厂家不同，导致各厂的镜头和照相机的接口直径大小也不相同，所以尼康镜头只能安装在尼康照相机上，而佳能镜头只能安装在佳能照相机上，给不少使用多种型号相机的摄影师带来不便，也造成了一种资源上的浪费。为了使摄影师手中的摄影镜头能最大限度地发挥它的作用，各种专用的转接环应运而生。现在不但不同品牌的 135 照相机的镜头通过转接环可以互换，甚至 120 照相机的镜头通过转接环也可以转接在 135 照相机上使用。

8. 摄影背囊

旅行与风光摄影师需要经常到野外拍摄，还要携带较多沉重的摄影器材，繁杂的摄影器材不但要分类放好，而且要做到取用方便。这就要求摄影师必须选择一个特别好的野外摄影背囊，这对于旅行与风光摄影师来说十分重要。选择摄影背囊的标准是：设计合理、防雨防尘、结实耐用、轻巧合身、功能齐备、安全可靠，符合人体工程学的双肩背囊为最佳。

9. 辅助设备

辅助设备主要包括镜头纸、吹气球、毛刷子、手电筒，简单的修理工具如螺丝刀、小扳手、黏合剂，还有防 X 光胶卷袋、防雨罩等。这些辅助设备看起来不重要，但用起来一件也不能少。

三、器材的保养和维护

保养和维护好摄影器材，是保障旅行与风光摄影创作活动能够正常进行的关键步骤，作为一名旅行与风光摄影师，要养成随时随地维护保养摄影器材的良好习惯。在每天的拍摄工作完成后，一定要抽出一些时间，用干净的毛刷将照相机的机身和镜头周边的尘土和细小的沙粒清扫干净，再用强力吹气球将镜头表面和缝隙中的尘土吹掉。镜头表面的污点只能用专用的清洁液和脱脂棉轻轻擦拭，切忌草率从事。结束外出拍摄回到家里后，在将清洁干净的相机和镜头放入干燥箱之前，应将相机的快门释放掉、快门速度放在 B 门、光圈放在全开启状态（最大光圈）、调焦环调整到无限远，使相机和镜头完全处于休息的状态。这样做可以减缓相机的老化进程，延长使用寿命。

第三节　旅行与风光摄影的题材选择

一、旅行与风光摄影重点拍摄的题材

旅行与风光摄影重点拍摄的题材主要有旅行的"行迹"记录，旅行中的人文状况，旅行中的风景和建筑，旅游纪念照和环境人像。

二、旅行与风光摄影的"行迹"记录

其主要有道路交通状况——路标、路牌、车站，气候、天气状况，途经城市、集镇、乡村的标志性建筑，沿途的地方美食和特产，沿途住宿情况（下榻旅馆的外观、室内）。

三、选择一个自己独到的视点

首先记住一个准则，即一幅照片一个主题。这一准则对于旅行摄影和其他摄影都适用。照片必须表明一个视点。不论到哪里，只要可能，都应运用一种手法，不仅抓住其美丽，而且要表现其特征，尝试拍摄一个著名的景致。例如，如果参观金字塔，可以围着它们转，从不同角度拍摄。当参观结束时，但愿得到美丽的明信片式的照片。这是成功的开始，但还要多实践。

四、寻找"当地色彩"

尽可能地"多角度"了解一个国家、一个民族、一座城市、一片风景。

例如，在金字塔的背景下，出现一位贝都因人，或者是一只骆驼。这些都是些常见的题材，但类似金字塔这种经常的拍摄对象，是很难脱离常见题材的。所以不必完全回避，而是要更深入地去观察。

五、旅行与风光摄影需要拍摄的具体内容

①主要的风景、名胜古迹。

②饮食文化。

③当地特产、工艺品。

④地质、地貌。

⑤交通状况、特色交通工具。

⑥当地典型的建筑。

⑦季节、气候与局部天气状况。

⑧生态环境和动植物。

⑨经济发展、教育状况。

⑩当地人的生活环境、生活状态。

⑪典型人物、特色人群、特色服饰。

⑫自助、徒步或一些特殊项目的旅行、娱乐方式。

⑬当地的旅游设施、下榻酒店和特色旅馆的服务情况。

⑭宗教、风俗和禁忌，婚丧嫁娶，节日庆典，民间艺术，特色文化。

第四节　旅行与风光摄影常用的方法和技巧

一、旅行与风光摄影常用的方法

（一）保护好自己和保持良好的身体状态

旅行与风光摄影是一件艰苦的工作，经常需要早起，或者背着沉重的器材在山地里跋涉。但是持续过高的工作强度无助于拍摄，观察力会下降，所以安排好自己的作息，让自己始终保持在良好的状态是很重要的。

在野外的摄影中尤其如此，不要过分透支自己的体力，尤其在天气经常发生变化的地区，体力耗尽是很致命的。平时应加强身体锻炼。

（二）和当地人交往

在旅行途中拍摄"人"是最经常的，但也是最困难的。如果希望拍到自然的图片，最重要的因素就是"交流"。的确，在有些地区，当地人对摄影了解很少，认为被拍摄是件不好的事。如果在拍摄时，无法改变他们的想法，最好不要坚持拍摄，以免激怒他们。

很多人为了不打扰被摄者，喜欢用长镜头抓拍人物。不过用长镜头拍的人物多数会给人一种隔膜感，很难令人有在现场亲历的感觉，而在旅游摄影中"亲历"是很重要的一件事情。拍摄人文照片常用的镜头焦距在70～105mm，可能会距离被摄者比较近，所以需要他们能够接受。拍到最自然的图片方法是"交流"，不一定需要语言，一个微笑、眼神都可以。如果从事的不是突发新闻摄影工作，那么使用抓拍的方法来拍照片只能拍到一些肤浅的影像。最好的办法是融入当地人中间，先让他们接受并视拍摄者如常人，然后再拍摄。

二、旅行与风光摄影常用的技巧

（一）光圈与景深控制

1. 光圈

光圈是一个用来控制到达照相机焦点平面上通光量的装置。光圈大小通常用

F 值表示。它在镜头内部由多片相互重叠的金属叶片组成多边形或者圆形的光阑，通过调整该装置，可以改变光阑孔径的大小，由此达到控制镜头通光量。

光圈有以下三种作用。

①控制调节进光量，光圈越大，进入镜头的光线就越多；光圈越小，进入镜头的光线就越少。

②光圈的大小也决定着景深的大小。光圈越大，景深越小；光圈越小，景深越大。

③影响影像的清晰度，所有的镜头都存在一个最佳光圈（一般镜头最大光圈缩小 2~4 挡，即为该镜头的最佳光圈），使用这个最佳光圈拍摄，得到的影像质量最好。大于最佳光圈，像差影响增大，影像质量下降；小于最佳光圈，衍射现象增强，影像质量也下降。

2. 景深

景深是指摄影画面中被摄景物从前到后可获得的清晰的范围。以对焦平面为中心，处于对焦平面前面的清晰范围称作前景深，处于对焦平面后面的清晰范围称作后景深，两者相加称作全景深。不同焦距的镜头、光圈的大小、拍摄距离的远近，都会对景深产生影响。

在风光摄影中，如何有效地控制景深，是作品拍摄成败的关键因素。几乎所有的风光摄影师，都非常重视景深的控制。景深大，被摄景物的清晰范围就大；景深小，被摄景物的清晰范围就小。风光摄影在一般的情况下，要求景深越大越好，但是，小的景深可以产生虚实对比效果，这也是风光摄影常用的表现手法。

景深原理在风光摄影中有着极其重要的作用。正确地理解和运用景深，有助于拍出满意的摄影作品。决定景深的主要因素有如下 3 个。

①光圈的大小。在镜头焦距相同、拍摄距离相同时，光圈越小，景深的范围越大；光圈越大，景深的范围越小。

②焦距的长短。在光圈系数和拍摄距离都相同的情况下，镜头焦距越短，景深范围越大；镜头焦距越长，景深范围越小。

③拍摄距离的远近。在镜头焦距和光圈系数都不变的情况下，拍摄距离越远，景深范围越大；拍摄距离越近，景深范围越小。

（二）超焦距及其运用

在镜头的焦距和光圈均已确定的前提下，能够获得最大景深时的摄影物距，被称为在该焦距和光圈系数下的超焦距。

超焦距又称作超焦点距离，使用超焦距方法可以获得最大的景深范围。

对于有景深表刻度的镜头来说，确定超焦距很简单，即只要将调焦环上的无限远标志调到光圈的景深范围之内，这时从镜头的景深表上可以看到所使用光圈指示从无限远到靠近相机一侧最近极限的景深范围。

因此，应用超焦距是获得最大景深或控制影像清晰范围的最快捷、最有效的方法，因而超焦距在风光摄影中应用非常广泛。

超焦距是个变量，光圈不同，镜头焦距不同，超焦距也不同。在实际运用中，只有当所要求的景深范围大（包括无限远）时才考虑使用超焦距。

现在许多新型镜头取消了景深表，但并不影响使用超焦距。首先将焦距调于无限远，其次在取景框里用肉眼尽量准确地找到最近清晰点（这一点利用景深预测功能很容易确定），最后把焦点调回这一点上。

在变焦镜头流行的今天，超焦距是一个很容易被人忽视的概念，尤其是它的使用方法。但是，超焦距对于风光摄影来说有着非常重要的使用价值，因此，作为一名风光摄影师一定要掌握超焦距的使用方法。

（三）快门速度及其作用

快门是照相机中控制曝光时间长短的一个机械装置，大多设置于机身接近底片的位置上（大画幅照相机的快门则是设计在镜头中，称作镜间快门）。快门开启时，光线进入照相机到达焦平面，令胶片或 CCD 感光；快门关闭时，光线被阻止进入照相机。快门的速度决定胶片或 CCD 受光时间的长短。

在每一次拍摄时，光圈的大小控制了光线的进入量，而快门速度的快与慢决定了光线进入照相机时间的长短。这样的一次组合动作便完成了照相机的曝光任务。一般来说快门速度的变化范围越大越好，高速度快门适合拍运动中的物体，可轻松抓住急速移动的目标。但是当要拍摄弱光下的景色或有如纱雾般的水流效果时，那么，快门的时间就要延长，也就是要用慢速度快门拍摄才行。

快门以"s"作为单位，它有一定的数字格式，一般在相机上可以见到的快门单位有 1、2、4、8、15、30、60、125、250、500、1 000、2 000、4 000、8 000 等。上面每一个数字都求倒数，也就是说每一个快门速度分别表示为 1s、1/2s、1/4s、1/8s、1/15s、1/30s、1/60s、1/125s、1/250s······1/8 000s 等。

快门级数与光圈级数的进光量其实是相同的，也就是说光圈之间相差一级的进光量，其实就等于快门之间相差一级的进光量，这个概念在计算曝光时非常重要。

（1）快门与光圈配合满足准确曝光需要

这是快门速度最基本的用途之一。一般在确定曝光量后，为了保证曝光准确，在提高快门速度的同时也要相应开大光圈，以保证曝光总量保持不变，反之亦然。但是在快门速度达到极高速或低速时还得考虑到互易律失效问题，因此在使用高于 1/1 000s 或者低于 1s 的快门速度时，要适当增加曝光补偿，以免曝光不足。

（2）为使用闪光灯提供同步速度

采用帘幕快门的单镜头反光相机，在使用闪光灯时都有快门同步速度问题，只有选择照相机规定的闪光同步速度或低于规定的闪光同步速度的快门，才能让摄影画面全部感光。一般照相机的闪光同步速度在 1/125～1/250s 间。

（3）使用低速快门表现动感效果。一般情况下，被摄对象运动幅度越大、曝光时间越长，被摄对象的成像就越模糊，所以在拍摄小溪或者瀑布等需要动感效果的画面时，摄影师都会选择较慢快门速度。

（4）使用高速快门表现凝固的运动物体

很多场合需要使用比较高的快门速度来实现特殊的效果，如在拍摄动物题材或者鸟类等题材时，常需要很高的快门速度来凝固快速运动的被摄对象。目前相机最高的快门速度已经达到 1/12 000s，中档数码相机也可达到 1/4 000～1/8 000s，但是过高的快门速度需要相应的高亮度环境或者口径相对较大的镜头来配合，不然很容易导致曝光不足。数码相机可以适当提高感光度来达到提高快门速度的目的。

（5）选择合适的快门速度保证被摄景物清晰

在不少照度很低的场合，摄影师不方便使用闪光灯，或者也没有三脚架来稳定相机，那么，摄影师只能手持相机拍摄。为了保证被摄景物清晰，有经验的摄影师会使用安全快门，即快门速度相当于镜头焦距的倒数。例如，若使用 50mm

镜头时，则最低快门速度要达到 1/50s，若使用 200mm 长焦镜头，则最低快门速度要达到 1/250s。只有这样才能保障被摄景物的清晰度。

（四）曝光控制

所有旅行与风光摄影师都面临一个问题，那就是在摄影创作时如何获得正确的曝光。一幅摄影作品能否获得正确的曝光，是衡量这幅摄影作品拍摄成败的重要标准之一。但是，从广义的摄影曝光角度来讲，并不存在绝对意义上的正确曝光。正确的曝光是指摄影者根据摄影创作实践的需要，灵活地控制曝光。正确的曝光应该是在理论称作准确曝光的基础上，增加或减少曝光量，以达到摄影师预想的拍摄效果。因此，只要能够满足摄影师表达创作意图的曝光，都可以视为正确曝光。例如，为获得高调效果的摄影作品，摄影师可以有意地曝光过度；也有为求得低调的摄影作品，摄影师有意地曝光不足。

1. 曝光模式的选择

众所周知，现在的单反照相机常用的曝光模式主要有四种：手动曝光模式、光圈优先曝光模式、速度优先曝光模式、程序曝光模式。

（1）手动曝光模式

在手动曝光模式中，快门速度和光圈设置由摄影师控制。通常相机会提醒摄影师现在的曝光设置与照相机曝光表提供的曝光量之间的差异，摄影师要及时调整曝光量，以免造成曝光失误。

在曝光表可能提供错误信息时，该模式比较有用。例如，白色的、反光率高或者黑色的、反光率特别低的被摄对象常常使照相机的曝光表判断失误，误认为光线很亮或很暗，因此给出错误的曝光值，此时可以使用手动曝光模式。许多摄影师比较喜欢手动曝光模式。

（2）光圈优先曝光模式

这是一种半自动曝光模式。使用时由摄影师预先设置好镜头的光圈数值，照相机在拍摄时自动调整快门速度，以便获得正确的曝光。必须要注意的是，有时照相机可能无法提供合适的快门速度与设定的光圈相配合。此时必须重新调整光圈值的大小或调整 ISO 数值才能获得正确的曝光。

使用光圈优先曝光模式的一个重要原因是它能够控制摄影画面的景深范围。

较小的景深意味着被摄景物的前后清晰范围小；较大的景深则意味着被摄景物前后的清晰范围大。风光摄影师大多数都喜欢使用光圈优先曝光模式进行创作。

（3）速度优先曝光模式

这也是一种半自动曝光模式，使用时由摄影师预先设置好快门速度，照相机在拍摄时自动调整光圈，以便获得正确的曝光。如果该相机镜头最大光圈值较小且不能获得正确曝光时，则必须调慢快门速度或提高 ISO 数值。

要想最大限度地减少拍摄动态的被摄对象所导致的图像模糊，或捕捉动态的被摄对象运动时的精彩瞬间，必须设置较高的快门速度。例如，拍摄鸟类题材或者动物题材的摄影作品时，可以使用速度优先曝光模式。

（4）程序曝光模式

其也称作全自动曝光模式。这种曝光模式是以照相机内部预先设定的程序来控制曝光，该曝光模式的特点是在拍摄时，由照相机同时调整快门速度和光圈数值的大小，来获得正确的曝光。

高端单反照相机的程序曝光模式还具备程序偏移功能。也就是说，可以使用调整转盘或拨轮选择摄影师想要的快门与光圈组合，而不必接受照相机提供的默认曝光值。这为摄影师提供了更多的控制选择，从某种意义上说，它类似于使用光圈优先曝光模式或快门优先曝光模式。

由于旅行与风光摄影对景深有要求，所以大多数风光摄影师出于创作上的便利和需要，一般都选择光圈优先曝光模式进行创作。当然，选择其他曝光模式进行摄影创作也无可厚非，只要能够达到摄影师的创作目的即可，一切由摄影师自由决定。

2. 感光度对曝光的影响

对于摄影曝光来说，有三个要素决定着曝光后的实际效果，这就是照相机的快门、镜头的光圈及胶片的感光度（又称为 ISO 值。数码照相机传感器的 ISO 数值是可以随时调整的，对于传统的胶片来说，要想获得不同的 ISO 数值，就必须使用不同 ISO 数值的胶片），这三个变量相互配合、相互关联，影响着曝光结果。

感光度是摄影曝光中三要素之一，而且往往容易被人所忽视。其实，拍摄时首先要设定的是照相机的感光度，其次才是光圈、速度的设定。ISO 是国际标准化组织制定的标准，对于胶片来说，ISO 是衡量胶片对光线敏感程度的一个标准。感光度越低的胶片，其颗粒越细腻，所需要的曝光时间也就越长。例如，ISO50 的胶片，要比 ISO100、ISO200、ISO400 的胶片的颗粒细腻，需要曝光的时间也要相对延长；感光度越高的胶片，其颗粒越粗糙，需要的曝光时间也就越短。例如，ISO400 的胶片，要比 ISO200、ISO100、ISO50 的胶片的颗粒粗糙，需要曝光的时间也相对缩短。

数码照相机与传统照相机不同，它的感光元件是 CCD 或 CMOS，它们具有类似于胶片的感光性能。数码照相机生产商为了方便数码照相机使用者的理解，所以将数码照相机的感光元件 CCD 或 CMOS 对光线感受的灵敏度，等效转换为传统胶卷的感光度数值，因而数字照相机也就有了感光度，且与 ISO 值同理，数码照相机的感光度 ISO 值设置越低，所获得的图像越细腻、清晰，需要的曝光时间也就越长，感光度 ISO 值设置越高，图像噪点越大，需要的曝光时间也就越短。

在一些光线不足，如清晨、黄昏条件下拍摄动物题材或者鸟类题材，使用传统照相机，可以通过使用高感光度的胶片来增加曝光量，提高快门速度，凝固精彩瞬间。而使用数码照相机，由于其感光度 ISO 值的可调性，摄影师在拍摄时可以更方便地调整感光度 ISO 值。调高感光度 ISO 值可以增加曝光量，减少曝光的时间，但是同时也会增加图片的颗粒感或噪点。对于传统胶片而言，曝光过度比曝光不足具有更大的宽容度。

3. 区域曝光理论

在旅行与风光摄影中最常提到的曝光理论是区域曝光理论，它是美国著名摄影家安塞尔·亚当斯（Ansel Adams）在黑白摄影中提出的经典理论，是半个多世纪以来摄影科学的基本理论之一。亚当斯在他所写的《负片与照片》一书中对此曾作了详尽的表述。他所介绍的方法虽然较为复杂，然而却是极其有用的。只要掌握了这种方法，摄影师就会学会分析景物，对景物进行更为准确的测光，并根据测光的结果作出适当的曝光，从而把对景物的视觉印象忠实地或者创造性地再现在照片上。

亚当斯把被摄体所包含的各种不同的亮度范围分成 11 个区域。它们分别是从 0 区到 10 区，0 区代表照片上能够获得的最大黑度，10 区代表纯白。0 区至

10 区称作全影调区域；1 区代表第一个能够分辨的黑灰影调区域，9 区代表最后一个能够分辨的白色影调区域，1 区至 9 区称作有效影调区域；2 区是暗物体能有好的层次表达的最低密度区域，8 区是明亮物体能有好的层次表达的最高密度区域，2 区至 8 区都能够记录被摄对象的细节，称作纹理表达区域。

在运用区域曝光理论拍摄时，摄影师总是首先选择把被摄对象中的中灰景物作为订光点，也就是说把订光点放在曝光区域的第 5 区上（第 5 区的反光率为 18% 的灰），于是被摄对象的其他各种亮度就分别落在其他区域上。如果出于创作需要，想把景物的中间色调表现得更深一些，那么就可以把订光点放在第 4 区上，这样被摄景物的其他部分都将降低一个区域，拍出的照片也将整个地降低一个色调。从理论上讲，可以将订光点放在任何一个区域上，只要能够表达摄影师的创作意图，就可以决定照相机的曝光量。

4. 曝光量的确定与调整

要得到一张正确曝光的摄影图片，就必须精确测定被摄对象的曝光量。曝光量是指让多少光线进入到照相机里，如果进光量太多照片就会曝光过度；如果进光量太少照片就会曝光不足。

有三个因素影响到摄影曝光后的实际效果，分别是光圈、快门速度、感光度。其中光圈和速度共同决定进光量的多与少，感光度决定胶片或 CCD 的感光强弱。如果进光量不够，可以开大光圈或者降低快门速度；如果进光量还是不够的话，可以提高感光度 ISO 的数值。对于风光摄影来说，大光圈的缺点是景深小，快门速度降低则画面容易模糊，提高感光度 ISO 的数值后，图片质量也会下降，如何取舍要根据实际情况灵活把握。

（1）测光与测光模式

如果不能准确测定光照强度，正确曝光就无从谈起。以前绝大多数相机都没有机内测光装置，创作时要依靠独立的测光表，或者靠经验来估计曝光量。现在生产的照相机（大画幅相机除外）基本上都安装有内置测光表，它能测量光线的强度，自动给出正确曝光所需要的光圈值和快门速度，这也大大降低了摄影的技术门槛。

照相机主要的测光模式有点测光、中央重点测光、矩阵测光三种。点测光的测光区域只限于画面中央很小的范围内，它大约只测画面之中 2%～3% 的面积，不考虑周边环境的亮度，所以测光值较为精确，能满足严格的曝光要求。矩阵测光是指照相机测光系统将拍摄的画面分成多个区域做评估测光，然后分别对每个区域再加权平均得到光照强度，以确定一个恰当的曝光组合，不同品牌的照相机划分区域的形状和个数也不同。中央重点测光主要是以画面的中央部分作为测量依据，而对周边的部分也进行适当的考虑，然后加权平均（中央圆圈的权重为70%左右），给出曝光值。

根据不同的拍摄情况采用不同的测光方式，大多数情况下用矩阵测光即可。在光线照明条件复杂、明暗反差很大时应该采用点测光，此时用矩阵测光或中央重点测光也可以，根据自己的创作意图进行曝光补偿。

（2）"白加黑减"原则

一般照相机的内置测光表都是以灰度表上的18%中灰作为基准反光率，所以照相机在拍摄大多数被摄对象时，都能获得正常的曝光。但有些被摄对象的反光率就不一定是18%的中灰。比较典型的例子是拍摄雪景，本来应该把雪拍出白的颜色，可是拍出来的白雪却是灰白色，这是因为白雪的反光率明显高于18%中灰，照相机就认为被摄对象太亮（白）了，就自动减少曝光量；再例如，拍摄黑色的被摄景物，本来是纯黑，但拍出来却是灰黑色，这是因为黑色被摄对象的反光率低于18%中灰，照相机就认为被摄对象太暗（黑）了，就自动增加曝光量，这就出现了上述情况。这种情况下，想要得到正确的曝光，就需要用照相机的曝光补偿功能适当地增加或减少曝光量。这就是"白加黑减"原则。

白加是指在被摄对象中白色物体、浅颜色物体或被摄对象亮部在画面中所占的比例很大时，需要在照相机自动测光的基础上适当地增加曝光量，才能获得准确曝光。

黑减是指在被摄对象中黑色物体、深颜色物体或被摄对象暗部在画面中所占的比例很大时，需要在照相机的自动测光的基础上适当地减少曝光量，才能获得准确曝光。

"白加黑减"的原则，实际上就是在拍摄时，针对不同的被摄对象和不同的光线条件获得正确曝光的一个基本原则。但要想真正掌握"白加黑减"原则，一定要在实际拍摄过程中有意识地进行思考和练习。也就是在日常生活中有意识地对白色物体和黑色物体，深色和浅色等不同的被摄对象进行实际的拍摄训练。从中积累拍摄经验，经过一段时间的训练会得到相当大的收获与提高，在面对各种复杂的拍摄对象时，才会得心应手。

（3）"宁过勿欠"与"宁欠勿过"原则

负片冲洗的工艺原理是用显影液把已经曝光的卤化银还原成银颗粒保留在胶片上，而未感光的卤化银被清洗掉，结果在胶片上形成负像。底片上曝光少的部分银颗粒密度就小，曝光多的部分银颗粒密度就大（形成的潜影多），所以使用负片拍摄适用于"宁过勿欠"原则。

反转片冲洗的工艺原理是将拍摄时感光的卤化银还原出的银颗粒冲洗掉，再将拍摄时未感光的卤化银进行曝光，将这部分曝光后的卤化银还原成银颗粒保留在胶片上，形成正像。所以反转片与负片正好相反，对于反转片来说曝光越多的部分在胶片上形成的银颗粒密度越小，曝光越少的部分在胶片上形成的银颗粒密度就越大。所以使用反转片拍摄时，适用于"宁欠勿过"原则。

对于胶片拍摄来说，"宁过勿欠"与"宁欠勿过"的曝光原则，其目的都是尽量在底片上保留足够多的银颗粒密度，也就是保留足够多的影像信息。

数码照相机感光元件（CCD、CMOS）的特点是曝光越多亮度信息值越高，光密度值也就越大。从这点来看，数码照相机的成像原理与负片的成像原理相类似，亮部光密度高而暗部光密度低。所以数码图像在后期调整时，想要降低亮度，只需在电脑中减少该区域的光密度值即可。而想要提高亮度就要增加光密度值，这也正是噪点产生的主要原因之一。

因此，使用数码照相机拍摄时，要遵循"宁过勿欠"的原则，只要曝光直方图不超过右边界就可以，这样得到的画面比较干净、细腻。切记，为了得到完整的影像信息和便于后期的调整，拍摄时应该尽量使用 RAW 格式。

5. 长时间曝光与互易律失效

在旅行与风光摄影的创作过程中，经常会遇到弱光下摄影的情况，如黎明、傍晚和月夜下的自然风光摄影等。拍摄此类题材的风光摄影作品需要进行长时间的曝光。长时间曝光容易产生一个问题，那就是互易律失效的问题。

互易律是胶片时代的摄影术语，是指照度（光圈大小）和曝光时间（快门速度）可以按正比互易而曝光量保持不变。例如，光圈 $F8$、快门速度 1/125s；光圈 $F5.6$、快门速度 1/250s；光圈 $F11$、快门速度 1/60s，以上三组光圈和速度的不同组合，所获得的曝光量是相同的，这种照度和时间量值可以互相置换的关系，在摄影曝光上称作倒易律或互易律。

大多数情况下，摄影的曝光组合都是符合互易律的。但是如果曝光时间太长超过 1s，这种互易律就失效了。互易律失效对于彩色胶片来说会使色彩平衡发生改变。

需要特别说明的是，数码照相机的图像传感器（CCD、CMOS）的感光特性与胶片有所不同，所以互易律失效问题在数码照相机上不能简单地沿用胶片照相机的经验。

因为数码相机可以在拍摄之后通过 LCD 立即回放刚刚拍摄的照片，检查曝光效果是否合适，所以经过简单测试拍摄之后，一般都能够获得比较准确的曝光。因此，使用数码照相机创作可以不用过多地考虑互易律失效问题。但是噪点问题需要特别注意。光线较弱长时间曝光时，噪点问题就会变得突出。随着工作时间的延长，图像传感器的温度就会逐渐升高，噪点也会随之增多，这是数码相机长时间曝光目前还难以解决的问题。如果被摄对象光比较大，最佳的解决办法是对同一画面的不同部位分别曝光，多拍几张，然后合成，就会得到一张各部分曝光量合适、层次俱佳的图片。

如果使用胶片进行长时间曝光，可以采取增加总曝光量的方法，对于 1～9s 的曝光增加 1/2 级光圈；对于 10～99s 的曝光增加 1～2 级光圈；曝光 100s 以上者增加 2～3 级光圈。这样的曝光补偿是对一般情况而论，不能把它当作是一成不变的规律，尤其是运用不同品牌的胶片时，应视具体情况而定。

总之，要使每一次拍摄都能得到曝光合适的作品，一定要适当地增加曝光时间多拍几张，并对拍摄时记录的内容和所获得结果进行比较，逐步地在实践中总结出一些经验来。

（五）旅行与风光摄影的瞬间把握

摄影常被人们称作瞬间艺术，这是因为照相机拍下来的照片所呈现的是快门释放时那一刹那的画面，是一个短暂瞬间的定格。

正因为摄影是瞬间艺术，所以要求摄影师必须在瞬间之内完成观察和思考并作出拍摄决定，而且瞬间的思维过程和创作的表现方法上都要符合摄影的特点。

风光摄影要表现的是自然景观的时空变化，把所见的自然景观提炼成艺术形象。因此，要求摄影师必须认真仔细地观察与分析自然景观的时空变化，从中找寻创作灵感。

自然景观表面上看千变万化，其实是有着内在的活动规律的。例如，一场雷雨过后，云隙中如果露出太阳，肯定会出现美丽的彩虹。这就要求摄影师在掌握自然规律的基础上等待时机。等待就需要时间，就要付出艰辛的劳动。但是，摄影师往往会在等待中获得意想不到的收获。这需要摄影师无论在技术上和艺术上都具有深厚的功力，这样才能把握住精彩瞬间。因此，风光摄影的创作实践充分体现了摄影师的这种功力和对大千世界的瞬间驾驭能力。

法国著名摄影大师亨利·卡蒂埃·布列松（Henri Cartier Bresson）在他的著作《决定性瞬间》的卷首语中写道："世界上任何事情都有其决定性的一瞬间"。布列松的这句话虽然是针对纪实摄影而言的，但是对于风光摄影来说，这仍不失为至理名言。风光摄影中同样存在着决定性的瞬间。例如，日出日落时的光线最美，但瞬间即逝。尤其是日出，太阳一跳出地平线，升起的速度非常快。在几分钟之内，就会变得光芒万丈。如果摄影师没有提前做好拍摄准备，那么就无法抓住精彩瞬间。

总之，把握瞬间是风光摄影中最关键、最重要的大事。要在最精彩的时刻把握住精彩的瞬间，就要求摄影师一定要具有敏感的思想、敏锐的目光和敏捷的反应。

三、不同题材的拍摄方法

（一）日出、日落题材

日出、日落是大自然中最为壮美绚烂的景色之一，具有极高的审美欣赏价值，自古至今是文人骚客们抒发情感的对象。风光摄影师自然也喜欢把日出日落的绚烂景色作为拍摄题材，以此抒发摄影师对大自然的热爱和情感。但是，在实际拍摄过程中，要想很好地表现日出、日落的壮美绚烂，摄影师还需要掌握一定的拍摄技巧（如图 5-4 和图 5-5 所示）。

图 5-4　日出摄影作品

图 5-5　日落摄影作品

1. 日出、日落时的光线特征

①日出、日落光线变化迅速，最佳瞬间常常只有几十秒钟，转瞬即逝。与之对应的地面景物亮度变化也很快。日出，太阳从地平线上冉冉升起，光线照度迅速增加。日落，太阳逐渐下落，直至消失在地平线下，光线照度迅速减少。

②日出、日落时阳光色温变化也很快。色温是指光线中所含的光谱成分。日

出、日落时色温大约在 2 000K 左右，红色光成分多；日出后或日落前 5～10min，色温在 2 100k 左右，红橙色光成分多；日出后或日落前 10～30min，色温在 2 400K 左右，橙黄色光成分多；日出后或日落前 30～40min，色温在 2 900K 左右，黄色光成分多。随着太阳一步步地升高，色温将达到 5 400K 左右，白色光成分多。日出、日落的色温变化很大，光线偏蓝，则色温高，光线偏红，则色温低。日出前和日落后的天空光线中也是蓝色光成分多，因此色温也很高。

③日出、日落时，太阳光线斜射到地面上，光波通过地球表面的大气层时，波长较短的蓝色、青色光被大量吸收，而波长较长的黄色、红色光穿过大气层较多，所以日出、日落时刻太阳的色彩往往呈橙红色、红色或金黄色。在这种低色温光照下，地面景物也呈现出暖色调。

在摄影的创作实践中，可以体会到日出时拍摄的照片红橙色光成分多，而日落时拍摄的照片橙黄色光成分多。

2. 日出、日落的拍摄技巧

（1）选择合适的拍摄时机

日出、日落是太阳光线变化最精彩的时刻，不同季节和不同时间段的表现都不一样，这就要求摄影师重视拍摄时机的选择。

①拍摄季节的选择。一年四季的日出、日落都可以拍摄，但最佳季节是春、秋两季。这两季比夏季的日出要晚、日落要早，对拍摄比较有利。春、秋两季天气变化大，云彩较多，变化丰富，容易出现精彩的瞬间，能够丰富画面效果。

②拍摄时间的选择。日出、日落转瞬即逝，每时每刻的景色变化都很大。因此，拍日出应该从太阳尚未升起，天空还未开始出现彩霞的时候就开始准备拍摄（此时应该对要拍摄的画面做到心中有数），随着太阳的冉冉升起，摄影师应该不断地按动快门，不断地捕捉精彩瞬间，当太阳已经升到足够的高度，发出了比较强烈的光芒时，日出的光影效果就逐渐地消失了。拍摄日落应该从太阳光线开始减弱，天空开始微微泛红或者开始出现黄色或者红色的晚霞时开始拍摄。晚霞也是变幻莫测、转瞬即逝的、摄影师要精力集中，快速捕捉精彩画面，不失时机地把握住瞬间。

（2）利用好日出、日落时的水面和云彩

拍摄日出和日落时，运用好水面倒影会使画面增色不少，还能起到前景的作用。例如，平静的海面或湖面能倒映出天空中的云彩和周围的景物，画面会呈现出对称的影像。有时拂过水面的微风会扰动这种倒影，在水面上留下一道道水波纹，静中有动，大大地丰富了画面的表现力。

云彩是自然的反光物体，它能反射太阳光。在实际拍摄中，云彩既可以作为拍摄的主体加以表现，也可以作为陪体或背景来烘托画面气氛。以云彩为拍摄主体的时候，要将测光点对准中灰色的云彩测光，切忌曝光过度。要注意观察当云彩遮住太阳时出现的情况，光线会从云彩后面射出，形成光芒四射的景象，为画面增添极为动人的光影效果。当太阳刚刚升起时，云彩也是非常漂亮的，也是非常适合拍摄的，当太阳逐渐从漂亮的云彩中出现时，要马上按动快门，机不可失。

（3）落日后的景色更美丽

太阳已经落山了，是不是表示摄影师的拍摄工作就该结束了？当然不是，当太阳西沉下去的时候，也许美丽的火烧云才刚刚开始出现，这是因为太阳落在地平线下之后，云彩反射太阳光的效果更加明显。所以作为一名摄影师千万不能错过这难得的瞬间。

3. 拍摄日出、日落应注意的问题

①日出、日落是大自然中最瑰丽的景象，也是摄影师最喜欢拍摄的题材，日出、日落的景色变幻万千、转瞬即逝，所以拍摄前要做好充分的准备工作。无论是拍摄日出或者日落，都要抓紧时间，尤其是拍摄日出，更要抓紧时间，以免错失良机。

②日出、日落时，光线变化很快，而日出比日落的光线变化得更快。所以，拍摄时要根据光线变化情况，不断测量曝光值，以求得正确曝光。

③拍摄日出时，因为地面景物亮度比较低，所以一般多拍成剪影。拍摄日落时，地面景物因有阳光照明，所以具有一定的亮度，但还是比较暗，所以曝光时要适当地照顾地面的景物。

（二）花卉题材

花卉是美好的象征，多姿多彩，洋溢着蓬勃向上的生命力。人们喜爱花卉、欣赏花卉，皆是因为花卉具有绚丽的色彩、婀娜的姿容和芬芳的气息。花卉既可以点缀生活、美化环境，还可以陶冶性情、托物言志、借物抒情（如图5-6所示）。

图 5-6　花卉摄影作品

1. 花卉摄影器材的选择

花卉摄影在器材的选择上，有其自身的特殊性。对于花卉摄影来说，理论上任何照相机都可以用来拍摄花卉，但是结合花卉摄影的特点，还是要尽量选用具有点测光、多次曝光、景深预览和反光镜预升等功能的相机，另外，为了消除视差，应该选择单反照相机。

对于镜头的选择，可以说从广角镜头到长焦镜头，再到微距镜头，几乎所有焦段的镜头在花卉摄影上都有用武之地。

花卉也是风光摄影师喜欢拍摄的题材之一，春兰秋菊、夏荷冬梅，一年四季各种花卉以其千娇百媚的形态、万紫千红的色彩，为摄影者提供了取之不尽的创作源泉，花卉摄影现在已经成为风光摄影中的一个热门题材。

微距镜头：这类镜头是为了近距离摄影而设计的。而所有的微距镜头的成像质量都非常优异，所以摄影师们也喜欢把它作为普通镜头使用。花卉摄影使用微距镜头，通常都是在拍摄花卉特写的时候。使用微距镜头拍摄时一定要注意景深范围。微距镜头的焦距越长，最近拍摄距离也就越远。

广角镜头：能够产生强烈的透视关系，给人一种很辽阔的感觉，可以增加画面的视觉冲击力。

长焦距镜头：可以有效地压缩空间透视关系，拉近前后景物的距离，起到突出主体的作用。从而达到一种特殊效果。使用长镜头可以拍摄到距离远而无法接近的花卉。例如，在荷塘边拍摄远处的荷花（如图 5-7 所示）。

图 5-7　荷花拍摄作品

偏振镜：花卉摄影中常用的滤色镜之一。拍摄花卉时，花卉表面上的反射光会影响画面的色彩饱和度和对比度，此时使用偏振镜可以消除花卉上的反光，可以提高花卉的色彩饱和度及反差，使画面看上去更加的艳丽漂亮。

三脚架：拍摄花卉时，要求对焦的精准度极高，而且画面也必须清晰。这时照相机的稳定性就显得至关重要，因此三脚架是花卉摄影必备的工具，其主要作用就是稳定照相机、方便构图。长时间曝光时必须使用三脚架。

2. 花卉摄影的拍摄时机

拍摄花卉，把握时机很重要。对于人工种植的花卉，比较容易把握拍摄的时机。但是拍摄野生的花卉，则必须掌握它们的生长规律，如花蕾的孕育、花的初绽和盛开的确切时间及整个花期的长短，有的还要了解花卉开放时的特点，这样才能把握住拍摄的最佳时机。

①要掌握了解各类花卉开花的季节。在同一个季节里，不同的花卉也会先后开放，春季较早开花的有玉兰、杜鹃、樱花、桃花等。春季是百花盛开的季节，也是花卉摄影的黄金季节。

②除了掌握季节与花期，花卉摄影还应该注意拍摄的具体时间。拍摄花卉的最佳时间应该是在早、晚太阳照射角度比较低的时候，这时候色温低，光线也比

较柔和。如果早起赶在太阳出来之前拍摄，花朵和枝叶上还留有露珠，会给画面增添色彩和气氛。

3. 花卉摄影的拍摄技巧

（1）光线的运用

顺光：其优点是光线照射均匀，能够更好地表现出花卉颜色的艳丽，饱和度高、成像清晰。但其缺点是画面缺乏立体感、没有反差、层次较为平淡。

侧光：侧光能在花卉上投下阴影，立体感强，造型效果好，层次分明，色彩饱和度、对比度适中，是花卉摄影比较理想的光线。

逆光：它能够使拍摄主体与背景分离，勾画出清晰的轮廓线，造型效果好，立体感强。光线透射过花瓣和叶片，会使之呈现出半透明状态，能细腻地表现出花卉的质感、层次和瓣片的纹理，能使平淡无奇的画面产生戏剧性的效果。

侧逆光：侧逆光和逆光一样能使花卉产生强烈的立体感，而且在表现画面的深度上比较到位，是花卉摄影中比较常用的光线。

散射光：也是较为理想的光源，它能够使花卉受光均匀，色彩、反差适中，产生柔和的影调。

（2）曝光量的确定

曝光量的确定在花卉摄影中比较容易解决，因为花卉基本上处于一种相对稳定的环境中，光线照射比较均匀时，光比一般不是很大，所以只要订光点选择正确也就没有什么大问题了。

但是，遇到较为复杂的光线时，一定要选择点测光模式进行测光，以确保被摄主体获得正确的曝光。如果画面中浅颜色的花卉所占的面积较大，使用负片或数码照相机拍摄时，要在正确测光的基础上增加1～2挡的曝光量；如果是颜色较深的花卉可以酌情适当地减少曝光量。

（3）突出主体的几种方法

①背景处理。背景在花卉摄影中，起着陪衬和烘托主体的作用，花卉摄影中背景处理得是否恰当，是决定花卉摄影作品成败的重要因素。背景在画面上占据着较大的面积，越是简单的花卉，背景所占的面积就越大，这是花卉摄影中一个必须重视的要素。

②虚实对比。虚实对比就是用虚化的背景来衬托清晰的被摄主体，从而达到

一种虚实对比的效果，起到突出主体的作用。景深会对画面的虚实效果产生影响，而影响景深大小的有三个因素，分别是镜头焦距的长短、拍摄距离的远近和光圈的大小。选择性对焦也会产生虚实对比的效果。

③明暗对比。明暗对比就是以暗的背景衬托亮的主体，以亮的背景衬托暗的主体。明暗对比是突出主体最有效的一种方式。

④色彩对比。花卉摄影主要是以花卉的色彩和花卉的造型来统领画面的，所以花卉摄影应该重视对色彩的处理。每种花卉都有自己的色彩特点，应该根据不同的拍摄对象、不同的光线条件和不同的背景特点确定画面的色调。一幅好的花卉摄影作品，应该有一个主色调来统一画面，不论以冷色调为主还是以暖色调为主，只要运用得当，都能达到令人赏心悦目的效果。

4. 花卉摄影应注意的问题

（1）焦点的选择

拍摄花卉特写时，焦点一定要对在花蕊上。因为花蕊是画面的视觉中心。另外，对于其他的花卉摄影作品，对焦点的选择也非常关键。因为，前景模糊能增加画面的气氛，使画面富于情调；后景模糊能突出主体，使背景干净利落。

（2）景深的控制

景深控制在花卉摄影中起着至关重要的作用，在拍摄花卉时，根据拍摄目的不同，需要合理控制景深。如果想了解花卉的特征，又要求清晰度较高，则需用大的景深。如果用于艺术欣赏，体现花朵或叶片的美丽，则虚实结合，宜用浅景深，这样可以把主体从背景中分离出来，从而突出主体。所以，拍摄前一定要进行景深预测，选择合适的光圈。

（3）获得清晰画面的方法

①由于花卉摄影大多数的拍摄对象都是相对较小的物体，任何一非常小的振动都能影响画面的清晰度，因此拍摄时要始终把照相机放在三脚架上，这样能够消除振动带来的影响。

②还有一类振动就是单反相机的反光镜升起时的振动，对拍摄微距画面时的影响尤其明显，所以，在拍摄微距画面时，一定要使用照相机的反光镜预升功能。

③户外拍摄花卉时，风会吹动花卉，导致画面模糊。这时可以拿纸板或用身体挡风，还可以利用风暂时停下来的瞬间拍摄，并相应地提高快门速度。

④增添画面情趣，招蜂引蝶，花往往和蜜蜂、蝴蝶有密切的联系，注意大自然中小的细部。当画面中出现蜜蜂、蝴蝶等昆虫时，一定不要错过机会，它们的出现，会使画面产生动静对比效果，会为画面增加盎然的生机和情趣（如图5-8所示）。

图5-8　花卉和蝴蝶

第五节　星空摄影技术相关阐释

相信很多读者在接触星空摄影时，会产生这样的疑问：星空摄影和一般摄影有什么不同？其实，星空摄影和一般摄影最大的不同就是星空摄影的被摄物自己会发光（如太阳、星云），而且每个星体表面色温及亮度差异也不尽相同。所以如果想入门星空摄影领域，首先就要花工夫对每个星体特性进行了解，这样才能根据不同星体需求调整不同的拍摄模式与表现方法，所拍得的影像才会给人不同的视觉震撼效果。

一、星空摄影的范畴

（一）固定摄影

固定摄影，门槛较低。一般来说，只要将相机架在三脚架上，选用适当的曝光时间就可以拍到连肉眼都看不见的星体。这是星空摄影中最简单的拍摄方式，也是认识星座最快的入门方法。只要多拍摄并从失误中不断调整拍摄方法，很快就能掌握其中的拍摄要诀，从而享受星空摄影所带来的独特乐趣。像是星轨、流星、银河、月面、太阳、星团、星云等都是固定摄影的主要范畴，可作为初学者练习拍摄的主要题材。

（二）追踪摄影

追踪摄影，门槛高。由于地球由西向东自转，造成星体东升西降的现象，这对拍摄星体的曝光时间有很大的限制。过长的曝光时间会让星点形成线状的轨迹现象，所以这时需要一架能抵消地球自转且能锁定星点的追星设备，一般这种设备称作赤道仪。赤道仪的操控方式十分简单，只要将相机架在赤道仪上，再利用赤道仪的自动追星装置，就能拍到灰暗星体，而且曝光时间也将不受限制，如银河、星团、星云等景象就是目前追踪摄影的拍摄对象，天气晴朗时通常都能捕捉到不错的影像画面。

（三）望远镜放大摄影

望远镜放大摄影，门槛较高。为了拍摄更细微的天体或者要呈现行星表面的细节，摄影时则需要将相机接上天文望远镜并通过赤道仪的精确导星装置才能顺利完成行星体追踪放大的拍摄。使用这种拍摄方法，高品质光学天文望远镜与高精度赤道仪是必备装置之一，而且拍摄场景最好选择低光害及晴朗的天空环境，这样才能得到较为清晰的成像效果。一般来说，放大摄影通常影像效果都不是很好，所以拍摄后往往必须通过影像后期处理才能进一步提升影像质量。

二、固定摄影相机的选择

不管是数码相机（DC）或者数码单反相机（DSLR）用户，只要相机具备以下条件，就能符合固定摄影的基本需求，虽然器材要求并不严格，但是想要拍出好照片，建议还是使用数码单反相机。以下提供了几项选购标准，可作为各位读者选购前的重点参考。

（一）具备 B 门装置

在固定天体拍摄时，为了捕捉较暗的星点，通常都需要进行长时间曝光才能拍摄到所需画面，而相机中的 B 门装置刚好符合长时间曝光的需求。至于数码相机，基本上要必须具备 10s 以上的长时间曝光功能，能设定的曝光时间越长则越符合星空摄影的拍摄需求。

（二）手动对焦调整功能

因为星体距离我们很遥远，所以在拍摄时除了要将对焦模式调整为手动模式，对焦点也要设定在最远位置，这样才能将所有星体完整呈现出来。数码相机最好也能具备手动对焦功能，如果没有，建议使用风景模式拍摄。

（三）手动光圈调整功能

在拍摄较暗天体时，通常使用最大光圈来拍摄，这样才能让暗天体有足够的光线穿过镜头，使 CCD 或 CMOS 得到足够成像曝光量，也就是说，镜头拥有越大的光圈越能符合星空摄影的拍摄需求。至于数码相机，建议最好能拥有 $f/2.8$ 以上的光圈值，当然如果能提供光圈调整功能，可让拍摄流程拥有更大的操作空间。

（四）快门线装置

拍摄天体时，如果用手去按快门按钮，瞬间的抖动也会使影像模糊，这时建议使用快门线来辅助拍摄，这样就能避免上述情形发生。至于数码相机，除了可以使用自拍功能搭配慢速快门拍摄，使用无线遥控也是不错的解决方法，只不过该功能多数出现在中高端数码相机机型上。

（五）低噪点性能

星空摄影由于长时间曝光再加上高感光度设定，通常都会造成大量噪点产生，虽然有些相机有控制噪点的功能，但是由于控制效果不一，而这也将间接影响成像质量及天文影像的清晰度，所以在选择拍摄天文数码相机时应以拥有低噪点功能的机型为首要考虑。数码相机如果有控制噪点功能，建议拍摄时要开启该功能，这样才能确保成像质量。

三、星空摄影镜头的选择

（一）大口径、大光圈镜头

镜头的叶片及口径，是决定入光量多少的主要因素。所以如果要从事天文摄影，在镜头选择上，应该以大光圈、大口径款式为首要选择。因为入光量大才能满足天文摄影长时间曝光的拍摄需求，才能让灰暗的天体得到曝光。

（二）定焦与变焦镜头

如果从事天文摄影，定焦及变焦镜头哪种才是最佳选择？如果不考虑取景便利性的话，定焦镜头比较适合天文摄影的拍摄需求。定焦镜头的镜片结构没有变焦镜头那么复杂，不仅光圈及口径都能开得很大，而且在影像质量、变形程度及画质表现方面也都比变焦镜头优异。所以考虑涉足该领域的爱好者，建议在镜头搭配上以定焦镜头为第一选择。

（三）手动光圈环、对焦环

星空摄影和焰火摄影有些类似，由于无法自动对焦，所以必须通过手动对焦才能获得清晰的影像。一般来说，大多数镜头都有 AF/MF 切换装置，拍摄者只要将镜头调至 MF 模式，再将焦距对准无限远位置即可完成设置。另外，如果该镜头同时拥有手动光圈环设计，可以让拍摄流程更为顺利。因为这样不仅可以将光圈值固定下来，也能避免因误触按键而改变光圈大小的情形发生。

四、星空摄影数码相机的设定

（一）感光度的设定

目前多数数码单反相机的感光度最高可达 ISO3 200，虽然能满足天文摄影的拍摄需求，但高感光度也带来了高噪点。所以建议各位读者在拍摄前最好先进行试拍，从最高感光度往下慢慢测试，找出视觉可接受的最高 ISO 值。一般来说，将数码单反相机设置在 ISO400～ISO800，是笔者认为最佳的感光度范围。

（二）影像大小与压缩设定

星体在 CCD 或者 CMOS 上的成像通常都非常微小，所以建议在拍摄时尽量选择高质量的 JPEG 或 RAW 作为拍摄格式，这样才能给拍摄者提供较大的后期制作空间。根据笔者过去的拍摄经验，高质量影像最大的优势就是保证了后期制作的空间。因为有些星体在画面成像上是非常微小的，这时如果影像像素够高就能通过裁切方式让星体主体更加凸显，当然影像画面也会呈现出另一番风貌。

（三）白平衡设定

在白平衡设定方面，一般来说，除非是为了呈现星云的特殊颜色才会使用其他白平衡模式，通常都会使用"日光"白平衡拍摄，这样才能将星体颜色忠实地呈现出来。

（四）曝光时间的决定

由于地球自转会造成所有星体东升西落的现象，所以拍摄者只要将曝光时间延长，就能拍出星体拖曳成的线状轨迹。如果要将星体拍成点状，主要决定因素是拍摄星体位置及曝光时间的控制。

（五）光圈大小的决定

当镜头光圈全开拍摄时，由于成像距离的原因，在影像边缘会产生类似彗星一样的星点状，被称作"彗形像差"。而这种现象只要缩小光圈就可大幅改善，所以建议在拍摄天体时，以最大光圈再缩小 1～2 挡即可避免上述问题发生。

第六章　美食摄影实践探索

随着科技进步和人们生活水平的提高，摄影技术越来越受到社会的重视，并广泛地应用于社会生活的方方面面。摄影这门科学吸引着广大摄影爱好者。本章内容为美食摄影实践探索，阐述了美食摄影的基础类型、美食摄影在用光方面的技巧、美食摄影的实践方法和技巧。

第一节　美食摄影的基础类型

美食摄影的成像，就如人们平时穿衣分日韩系、欧美系一样，也有自己的风格分类。拍摄者在拍摄前心里就要有大概的拍摄方向，明确想要拍出什么效果，才能根据自己想要的风格进行灯光的调整，以及挑选适合的搭配道具。

一、明／暗调

根据画面整体影调的亮暗和反差的不同，画面可分为亮调、灰调（中间调）和暗调（深色调），其中亮调在光线上明显强于暗调，在搭配的道具上暗调也以深色系为主。

二、色系

根据道具与食物的色彩搭配，色系分为素色系、糖果色系和色彩比较浓重的油画系。

（一）素色系

素色系看起来画面色调简单、和谐，但其实比较考验搭配功力，如何将同一色系搭配得不单调、具有层次感，需要用心考虑。

（二）糖果色系

和素色系的单一色彩相反的糖果色系，以色彩明亮活泼为特点，需要注意的是，颜色不宜过多，过多的色彩会显得画面整体比较杂乱，如何进行色彩搭配依然是该风格的重点。

（三）油画系

相比前两个色系，油画系的照片整体色彩比较浓重，由于照片中的搭配、食材的颜色深色系偏多，故常与暗调拍摄相结合，呈现出静物油画的厚重感。

三、风格

根据营造的氛围，拍摄风格可分为极简风格、田园风格、乡村风格、英伦风格、日系风格（暖调和冷调）、欧式贵族风格和哥特式风格。

（一）极简风格

极简风是近年来的一大热门，以简洁的画面为突出特点，深受大众的喜爱，但要做到简约而不简单就需要大家在搭配上多下功夫了。

（二）田园风格

和极简风格一样，不宜有过多浓墨重彩的田园风格，在色彩上主打清新的风格，营造出清爽、自然、闲适的氛围。

（三）乡村风格

和田园风格非常相近的乡村风格，也主打乡村原野的风格，所以两者常常难以区分而被归为一类。但多加观察二者还是有细微的差别，乡村风格会加入更多"人"的元素，展现更多乡村生活的气息，以营造出"村庄"的氛围。

（四）英伦风格

如果说乡村风格是自由的郊外野餐，那么英伦风格就是优雅的下午茶。美食摄影中的英伦风格精致、细腻，透出绅士般的高雅品位。

（五）日系风格

和英伦风格统一的低调而高雅所不同的日系风格，呈现出极端的两极化：一类是充满治愈感的暖色调，就如日系温情满满的动漫萌宠一样；另一类是比较暗色调的冷色系，拍摄风格和后期修片都选择色调盘中的冷色调进行修饰。

（六）欧式贵族风格

欧式贵族风格是美食摄影中的"高富帅""白富美"，透露出满满的富贵气息，但若是搭配和光线控制不好很容易造成"俗"。

（七）哥特式风格

和明亮、金光闪闪的欧式贵族风格相比，哥特风格就是其反面，以暗黑系为主，凸显金属质感。和欧式贵族风格中常出现的亮闪闪的器皿相反，哥特式风格中常出现有一定磨损、比较复古的器皿。

第二节　美食摄影在用光方面的技巧

不是所有的同种类型光都是一样的。在正午看到的阳光和日落前一小时的温暖阳光是非常不同的。厨房里的日光灯管和床头柜上的白炽灯灯泡发出的光也是不一样的。不同光源的光颜色、强度不同，营造的氛围也不同。

虽然这并不意味着一种类型的光优于另一种类型的光，但是特定类型的光会更适合特定类型的摄影。每一种类型的光线营造不同的氛围，这就是光线的"特质"。

一、光的颜色

美食摄影所用的光线颜色特别重要，应该尽量使用和日光平衡的光线，如阳光或闪光灯。如果用 JPEG 格式来拍摄，应在设置白平衡时特别小心。最佳品质（也是最合适的）的光加上适度的白平衡就能保证照片色彩真实可靠。

二、光的强度

在为拍摄美食选择光源时，需要确保光线的强度。一些光源会比其他一些光源的强度大些，因此了解如何运用光源非常重要。

如果用散射光拍摄美食，不用担心光线的强度，因为这种光线非常柔和。但是使用摄影棚（闪光灯）灯光时，必须注意光线的强度。需要注意的是，闪光灯光源有一个最快快门速度限制。如果光源强度值调到最低时光线还是太强，能改变的唯一设置是光圈，另外，如果目的是虚化背景，光圈值可不能太小。

使光漫射开来是一个削弱光强度的方法，可以用工具，如柔光箱或者柔光伞来实现，也可以在光源前放置一个白色半透明物体。如果强烈的光线恰巧来自窗户，可以在窗户上蒙上一层白色半透明羊皮纸或纱幕（基本上是一块半透明的织物）来削弱强烈的阳光。

三、光的远近

光的位置及光与拍摄对象的距离是决定光线是柔和还是强烈的关键因素。光线距离拍摄对象越近，那么光线就会越柔和，这是一个基本原则。如果想要光线柔和且阴影最少，就得将光线漫射开并尽可能使光线靠近拍摄对象，也可以通过降低光线强度来平衡曝光。如果想要高反差阴影及强烈的、多变的光线，那么就应该使拍摄对象离光源远一些。

四、关注高光部分

拍摄美食时，要特别小心不要让任何拍摄区域出现死白，尤其是美食本身。如果想要创作出非常"亮"的作品，而其中白色拍摄对象特别多，很容易过度曝光并丢掉宝贵的细节。要确保白色部分确实是白色的，但是不要把光线打得过强以至于丢掉作品中明亮部分的细节和深度。

有两个办法可以避免过度曝光。一是启用相机中液晶屏回放照片时的高光报警功能（也称为闪烁）。大部分相机都有这个功能。当回看或回放照片时，高光报警功能会使纯白区域闪烁（RGB 颜色模式会显示 255、255、255）。二是看相机液晶屏上的信息画面所显示的直方图。如果有任何死白区域，直方图会挤向最右边。过度曝光照片的高光区有死白区域。

如果看到高光区遗失了，有许多方法可以恢复这个细节，如减少拍摄时的光线，调小光圈，加快快门速度或降低 ISO 值。如何选择高光取决于拍摄时所用的光线类型，当然也取决于拍摄作品的创意。

五、逆光是最佳的光源

大部分美食摄影师认为美食摄影的最佳光源是逆光。为了得到令人愉悦的逆光效果，可将光源直接放到拍摄对象的后面或者放在拍摄对象的后面靠近侧边的地方。

逆光增加照片的质地和景深，勾勒出拍摄对象的轮廓，突出特定的食材。如果想要拍出的美食照片主旨明确且内容清晰，一定不要用强烈的前光，如相机自带闪光灯，因为这会导致平光现象。

第三节　美食摄影的实践方法和技巧

一、美食摄影的前期准备

拍摄前期的准备越充分，拍摄出的作品质量越有保障，其中最重要的是拍摄风格的确定。拍摄的风格还影响到后期的设计和排版，是需要优先确定的。可以将相关风格样图发给甲方进行确认，避免拍摄后风格得不到甲方认可而需要重复拍摄。另外，还需要确定美食的定位，是高、中、低哪个档次。有了基本风格的确定，才能制定具体的拍摄方案。

确定好拍摄风格后，就需要与烹饪师沟通食品加工的过程，了解相关的工艺，以确保美食加工符合拍摄的形态和风格。然后准备拍摄的环境和背景，准备相关的道具和饰物，以便更好地营造氛围、表现美食的质感和特色，最好有专门的美食造型师配合摄影师一起工作。在具体搭配上，海鲜类美食比较高档、昂贵，一般要配置比较华丽的器皿；日本料理和果蔬一般搭配清新素雅的器皿；糕点和蛋糕搭配色彩明快、造型可爱的器皿；牛排可以搭配有原始感的器皿，等等。另外，还可以搭配麦穗、啤酒等来体现美食的食材来源和品尝环境。除了基本的器皿，还可以辅以筷子、勺子、桌布、花束、酒杯等进行搭配。

二、美食摄影的氛围营造

不同类别的美食需要营造不同的氛围，氛围营造除了上述相关环境和道具，还有一些其他技巧。例如，果蔬的拍摄，为了让果蔬显得更加新鲜，可以用盐水或碱水进行清洗和浸泡，或在表面先涂薄薄的甘油再喷洒水雾，产生一种晶莹剔透的感觉。为了让肉类更能引起观者的食欲，在烹饪时不要全熟，来保持肉类的质感和形态，还可以涂一些食物油来增加光泽。为了增强美食热气腾腾的感觉，可以将吸管对准食物喷入烟雾，待烟雾上升到最佳位置和最佳状态时进行拍摄。提倡反映真实的美食形态，辅助材料和方法只是在原有形态基础上提升氛围感。

三、美食摄影的构图技巧

一般，根据美食的形状来选择器皿的形状，再根据美食和器皿的综合形态来搭配相关的背景和道具。通过这样一系列的搭配，就形成一个美食的整体形态，对美食进行构图，就是要整体展现美食的形态观感，实现构图的均衡与变化、稳定与跳跃的和谐统一。在拍摄画幅上，可以拍摄美食的整体形态，也可以拍摄美食的局部来体现美食的微观细节。拍摄角度可以是 0°、45°、90°。90° 垂直俯拍可以呈现"上帝视角"，45° 符合观者的角度，0° 可以更好地体现美食的立体感。可以从拿筷子的位置来拍摄美食，也就是略低于食者的眼睛位置去拍摄，这样可以拍摄出更加立体、更加体现细节的图片。

在进行构图的时候，主要根据美食的形态因势造型。三角构图具有均衡、稳定的特点；对称构图可以平衡画面的不同元素；对角线构图有一定的导向性，能带来一定动态感，体现美食的错落和层次；平行构图给人平静、协调的氛围。"L"形构图简洁又有一定张力，"S"形构图给人以灵动的曲线美，"U"形构图给人以框架视觉。在具体构图时，要避免构图拥挤、留白太多、画面太偏等问题。所有构图方式中，黄金分割点构图是最常用的构图方式，即画面中的主体占画面总面积的大约三分之一。黄金分割点构图符合观者的视觉习惯。

四、美食摄影的拍摄细节

首先，相关拍摄的器材方面。拍摄时最好用三脚架，这样有利于拍摄的稳定。在相机选择上，尽可能选择全画幅相机来保障图片的画质。在镜头选择上，一般采用中长焦镜头来拍摄，这样可以很好地压缩景深。也可以采用广角镜头拍摄，这样可以适当表现美食周边环境。采用微距镜头拍摄，可以体现美食的细节。这一切就要根据想要表达的意图来定。

其次，相关拍摄的设置方面。对焦方面，可以选择点对焦以便更精确地对焦。测光方面，可以采用多区域评价测光或点测光。快门选择方面，一般快于焦距分之一来保证安全快门。在 ISO 设置方面，尽可能用较低的 ISO 拍摄来保障画质。白平衡设置方面，一般采用自动白平衡即可，也可以采用手动白平衡的方式更好地实现色彩还原。

最后，拍摄的其他细节方面。用微距镜头进行美食拍摄，往往其景深较浅，这个时候可以用三脚架固定相机拍摄多张焦点在不同位置的图片后期合成。可以用工具夹取美食，拍摄夹取的瞬间。在拍摄时可以将品尝者一并拍摄，这样可以塑造故事感，也可以将原材料、半成品、成品分别拍摄，体现美食的制作流程。

五、美食摄影的后期技巧

拍摄结束后先进行选片，一般通过 Adobe Bridge 或 Adobe Lightroom 图像处理软件来进行选片，通过标星的方式进行打分和筛选；通过修复画笔工具来进行美食的瑕疵修复；通过曝光、高光、阴影、白色、黑色来调整美食的明暗；通过色温、色调来调整美食的色彩，可以通过相对较高的色温来提高美食的暖色调，让人觉得更有食欲；通过调整曲线、高光、阴影，或直接使用对比工具增加美食的对比度、提高美食的质感；通过对个别颜色进行单独的色相、饱和度和明度调整来达到色彩的和谐。更高阶的可以通过高低频或双曲线的方式进行光影调整；通过建立柔光层进行中性灰调整等实现美食图片的精细化。最后需要对图片进行适度锐化。不管如何调整，都要切记遵循食材本身的颜色和质地，不能太夸张地去改变美食的本身属性，需要较好地反映美食本身的真实状态，在此基础上提升视觉效果。

第七章　建筑与环境摄影简析

人们天天身处建筑之中，时时与环境打交道，可以说建筑与环境是人们最熟悉的"生活密友"。然而，当举起照相机进行建筑与环境摄影时，又会感觉到拍摄一张优秀的建筑与环境摄影作品远不像想象中那么容易。当然，一旦真正掌握了建筑与环境摄影的规律与奥秘，能够熟练运用相关方法与技巧进行创作时，一定会体味出其中无穷的乐趣。本章内容为建筑与环境摄影简析，介绍了建筑与环境摄影的主要特征、建筑与环境摄影常用的主题、建筑与环境摄影的实用技巧。

第一节　建筑与环境摄影的主要特征

建筑与环境摄影是指以建筑或环境为表现主题的一种摄影形式，既有以建筑为表现主体的，也有以环境为表现主体的，还有着重表现建筑与环境两者之间相互依存关系的。建筑与环境摄影中有为了突出纪实性特点的作品，主要以反映城镇建设与变化为线索。尤其是在改革开放几十年来，中国的社会经济建设发生了翻天覆地的变化，随着城市化进程的加速及建设社会主义新农村的推进，我们身边的建筑与环境发生着日新月异的变化。摩天大楼拔地而起，整洁的城市环境成为衡量一座城市现代化程度及管理水平、宜居水平的标志，及时记录下这些建设与变革的进程无疑是十分有意义的（如图7-1所示）。

图 7-1　城市建筑摄影作品

　　同时，建筑与环境摄影中也有为了突出其艺术特点的作品，主要是利用建筑与环境的构成元素进行艺术创作，综合建筑、环境和摄影独有的语言表现创作者的审美追求；也有为了突出商业性的作品，主要以宣传与推广其品牌形象、文化实力为目的；也有为了突出其史料性特点的作品，通常是指那些以表现历史遗迹、重点保护文物、民俗民居为主的建筑与环境摄影，以图像的形式将这些宝贵的文化遗产永存史册。

　　当然，不管以何种目的、何种追求进行建筑与环境摄影创作，都会发现，优秀的建筑与优美的环境本身就是美的事物。同时，它们在不同的时间、不同的季节、不同的光线照射下、从不同的角度去欣赏时，会呈现不同的美和不同的视觉效果。从这个意义上来讲，建筑与环境摄影仍然具有较大的创意与表现空间。人们要做的是通过镜头，运用摄影造型方法揭示建筑与环境美的本质、特质。因而可以这样理解，建筑与环境摄影实际上是对美的事物进行再创造，它是一个过程，需要摄影师通过精心构思、认真观察，运用摄影的语言和一切技术方法去反复实践，才能拍摄出精彩的作品。

　　建筑与环境摄影可拍摄的范围十分广泛，既有石窟、皇陵、古堡、洞穴等历史古迹，也有高楼大厦、体育场馆、博物馆、美术馆、纪念碑等现代建筑；既有楼台亭阁、宝塔、桥梁、宫殿、寺庙，也有庭院、民居、村舍；既有浑然天成的小桥流水，也有人造的园林景观。

　　在拍摄建筑与环境时，还要注意将建筑与建筑所处的环境结合起来考虑，而不是孤立地去考虑。如果将两者都能统筹考虑，往往能获得事半功倍的效果。从一系列优秀的建筑与环境摄影作品可得出，优秀的建筑作品往往有舒适的环境所衬托，而优美的环境作品往往又有精致的建筑物所点缀，"你中有我，我中有你"，两者相得益彰。

第二节　建筑与环境摄影常用的主题

如同其他的专题摄影一样，建筑与环境摄影的主题选择也是作品获得成功的重要环节。建筑与环境既有区别也有联系。就建筑而言，既可拍摄单体建筑，也可拍摄建筑群；既可拍摄建筑的某一个局部，也可拍摄建筑的全景；既可拍摄现代建筑，也可拍摄历史古迹。就环境而言，既可拍摄室外环境，也可拍摄室内环境；既可拍摄公园街道，也可拍摄广场及园林景观。当然也可将城市建筑与环境景观结合起来拍摄，着眼点不一样，表现手法各异，所获得的视觉效果也不尽相同。

一、代表城市或地域特征的标志性建筑与环境

在建筑摄影中，代表城市或地域特征的标志性建筑题材最为多见，而且不乏精品。究其原因，这类建筑往往本身就是一件或一组建筑精品或佳作，代表着这座城市的人文精神与文化内涵。在某一方面其具备着特殊的因素，如特别高、体量特别大、造型独特或寓意深刻等，有着特殊的象征意义，而成为某个城市的标志性建筑（如图 7-2 所示）。

图 7-2　上海东方明珠

　　与此同时，由于这一类题材是人们所司空见惯、太过熟悉的，大家对这类摄影作品的要求与期待也高，也为拍摄这类作品增加了不少难度。从经验角度看或是从成功的作品的案例来分析，拍摄这一类作品，成功的关键一是取景要"奇"，即需要寻找新的角度来表现；二是光线要"特"，主要是指要善于利用不同的光线，丰富画面的层次感，造成画面强烈的视觉效果，才可能给人们留下深刻印象。

二、城市广场、公共空间或城镇街景

　　城市的广场和公共空间是城市文化的标志，也是一座城市人民游览、观光、聚会的场所，一般都具有浓郁的文化氛围，往往是建筑与环境结合得最好、最为融洽之地，自然也成为摄影师与摄影爱好者经常拍摄的景点。

　　城镇的街景因具有明显的地域特征和乡土气息而引人入胜，其高矮不一、错落有致的住宅商铺、蜿蜒曲折的青石板路共同勾勒出一幅和谐、宁静的城镇生活图卷，画意十足（如图 7-3 所示）。

图 7-3　江南水乡

三、极具个性特征的优秀建筑与环境

　　极具个性特征的优秀建筑既包括传统的也包括现代的，往往都是建筑中的精品。这类建筑不是在造型上十分独特，就是功能上特别独到；不是在建筑体量上巨大，就是在施工工艺方面精致细腻；不是色彩搭配十分明快，就是材料质感厚重、凝练。即使是其中的一个小小的局部，如屋顶、柱廊、门窗、露台、花坛、墙砖、台阶等都可称得上是独立的"作品"（如图7-4所示）。

图7-4　BMW大楼

四、环境小品及园林景观

本书中所指的环境小品及园林景观的概念是相对旅行与风光摄影、风景摄影而提出的，无论是从范围看还是从面积上衡量都明显小于后两者，而且大都带有明显的人造或是人工雕琢的痕迹。但优秀的环境小品及园林景观之所以能够"入画"，是因为其"优美"而不"矫揉造作"，"精致"而不"呆板拘泥"，巧妙地将环境、景观、建筑、雕塑有机地融为一体，令人赏心悦目。

五、室内建筑与环境

室内建筑与环境往往也成为摄影师与摄影爱好者们非常热衷拍摄的题材，这是因为建筑物的内涵更容易在室内空间中得到展示，个性特征也最容易在室内空间中得到发挥。室内环境由于有光线的作用，加上有室内陈设、家具的点缀而更显丰富、含蓄。如果说室外建筑与环境展现的是"势"与"场"的话，那么室内建筑与环境更多表现的是"情"与"境"。

六、夜色下的建筑

随着各城市兴起的夜景灯光工程，为夜幕下的城市带来了一道亮丽的风景线。有的用光带勾勒出城市标志性建筑的轮廓，有的用灯光映衬出主体建筑群的此起彼伏，配上流光溢彩的街灯，呈现出一派繁华都市的美丽景象。这也成为摄影师及摄影爱好者们喜爱的摄影题材（如图 7-5 所示）。

图 7-5　夜色下的建筑

以上是几种常见的建筑与环境摄影题材，基本涵盖了建筑与环境摄影的方方面面。必须指出的是，在实际拍摄过程中，选题、取景切不可生搬硬套，需要依靠摄影师创造性的发挥，方能获得最佳效果。

第三节　建筑与环境摄影的实用技巧

作为以建筑与环境为拍摄主体的一种摄影形式，建筑与环境摄影所表现的对象恰恰是大众所熟知的、人们所司空见惯的，这无疑增加了创作的难度。因为，不论是出于何种目的、何种用途的作品，其受众不希望摄影师镜头下的建筑与环境与人们平常所看到的一模一样。也就是说，摄影师创作的作品应该既是人们所熟悉的，又比人们日常所看到的更美丽、强烈和动人，应该能够引起人们产生一种共鸣或是心灵的震撼。这就要求摄影师善于运用摄影的语言，来完美地表现建筑形体与环境空间，创作出源于生活、高于生活的作品，让画面中的建筑既是真实的，又能够呈现出最美的一面。而这一切往往定格于特定的角度、特定的光色变化的瞬间。

一、精心选择拍摄的角度

由于建筑物一般体量较大，尤其是拍摄城市中心的建筑群，很难有现成的"最佳"角度让摄影师们去拍摄，所以需要摄影师精心选择。

一般来讲，要做到使主体突出并不难，而难在"巧"。如果仅仅是将拍摄的主体建筑充满画面，或是将主体简单地安排在画面正中间，往往会显得过于"呆板"，因而可以有意安排一些其他建筑用作陪衬，当然也要有所控制，以免产生喧宾夺主的效果。同时，还要注意尽量避免那些与主题无关的电线、广告牌等杂物的干扰，以使画面显得更加单纯。

对于初学者来说，最忌讳的是端起照相机就狂拍起来，最终选不出一张好的作品。究其原因，还是缺少了思考、选择、比较这些环节。

角度选择指的是一个全方位概念，切不可单一理解为仅仅是向左右调整取景角度。角度的选择既包含拍摄点的前后、左右及高低，也包含镜头的俯仰等。

低视点取景有助于表现建筑物的高大雄伟，高视点取景有助于较好地表现建筑物群及周边环境的空间层次感，平视取景表达出来的建筑物最为自然和真实。有时受摄影现场环境所限，拍摄高层建筑时不得不采用仰视取景，以求得到建筑的全貌，但这样拍摄的结果往往是建筑物原本垂直于地面的线条产生向上倾斜的视觉效果，处理得不好容易给人造成一种不安定的感觉。当然，很难用一个标准衡量几种视点孰优孰劣，关键应看其所获得的视觉效果，其事先的设想和预期与实际的拍摄结果是否达到了高度一致。

二、合理运用透视原理

在拍摄建筑物时，合理运用透视原理并注重发挥其所产生的特殊视觉效果，显得尤为必要。在某些情况下，拍摄位置及镜头视角受限的原因，使得取景框内的建筑物常常呈倾斜状，容易使所拍建筑物产生透视变形，甚至使画面失衡和失真。

为了使主体建筑不至于产生倾斜或变形，常可以采用调整和提升机位（拍摄位置），拉远拍摄点与被摄建筑物之间的距离，或者选用具有透视校正功能的移轴镜头等办法加以处理。有些专业照相机可将其标准的调焦屏卸下换上专门用于拍摄建筑物的调焦屏，这种调焦屏上有水平线与垂直线组成的网格，取景时可以十分直观地观察到镜头（画面）与被拍摄建筑是否完全平行。当然，摄影师也可根据这一原理，自制画有标准网格的透明胶片安放在取景器上，也可起到类似的作用。

灵活利用近大远小的透视原理进行建筑物的拍摄，有助于表达画面的空间层次感。近长远短、近疏远密、近实远虚的建筑物外轮廓、门窗、廊柱及在光线照射下所产生的投影，都是表现画面空间深度的绝佳要素。这些建筑的造型要素有明显的空间指向，既有利于画面的空间深度表达，又使画面呈现出强烈的形式美感，具有一种特殊的感染力与视觉冲击力。

三、巧妙利用光线造型

建筑物是相对固定的物体，造型稳定、体量庞大、结构清晰，在进行建筑与环境摄影时，更要重视光线的运用。如果拍摄的角度缺乏选择，加之光线的运用不当，所拍摄出的画面一定是呆滞而缺乏活力的。

通过仔细观察与分析，可以认识到，光线作用于建筑往往能够影响其线条的提炼、块面的分割、影调的强弱和体量的大小。巧妙地运用好光线造型，不但有利于建筑物形体结构、力量感的表达，而且能使这些相对固定的物体透出一种生命的活力。

通常情况下，侧光能有效地提高被摄建筑物的体积感与明暗层次，能使平淡的主体产生一些变化、一些韵味。

一般来讲，利用早晨与傍晚的光线拍摄建筑物常能获得不错的效果，一方面是因为此时光线照射建筑物的角度与白天光线照射的角度不同，另一方面是因为早晨与傍晚光线的色温与白天光线的色温也不相同，因而所呈现出的色彩效果及画面感染力也不尽相同。

除了建筑造型的结构、布局外，建筑物的个性特征也表现在其质感、肌理特征方面，而这些也同样依靠光线的作用才能呈现出来。在光线的照射下，建筑的质感和肌理能够得到强化，建筑物的细节更加明显，往往能够增添画面的耐看程度。从这个意义上看，光线对于塑造建筑物个性特征的作用也可说是举足轻重的。

理想的光线不仅需要摄影师根据不同的拍摄对象去精心选择，也需要摄影师有足够的耐心去等待。建筑与环境摄影不像时装、运动摄影那样必须依靠思维敏捷、眼疾手快地去"抓拍"那稍纵即逝的瞬间，而更多的是需要摄影师平时的积累，包括认真的观察、体会和琢磨。平常在漫步街头时，摄影师应多注意观察不同时间、不同季节、不同光线照射在建筑物上所呈现的不同效果，看看光是如何使建筑物充满生机、呈现活力，又是怎样使它变得平淡无奇、索然无味的。进而还可思考在特定光线下，是否会在墙面上留下阴影或形成有趣的图形。如果建筑物此时的某一侧光照不合适，可能另一侧会好些，或者换一个时间再来拍摄。

准确曝光是作品获得成功的另一关键因素，如果曝光不准确，再好的拍摄角度、再好的光线选择也不可能获得理想的效果。例如，曝光过度就会使画面的反差过于强烈而缺乏层次感。

准确曝光只是一种客观的概念，主要还是以测光表或照相机内的测光系统进行测定，但测光的部位是否科学、合理，却是大有学问。例如，建筑物主体为白色，则应该对着白色部分测光，以确保其有层次；如果对着阴影部分测光，所造成的结果是使受光部分显得一片"苍白"。

如果所拍摄的建筑物既有受光部分，也有背光部分，且两部分相对均等，则可针对受光部分与背光部分各测一次，然后取其平均值作为曝光值，以提高曝光的准确度。

当然，如果拍摄者有意强调建筑物的某一部分，并有意在曝光方面做些处理，则另当别论，完全可以根据需要进行探索与尝试。

四、室内建筑与环境的拍摄技巧

拍摄室内建筑与环境有其相对复杂的一面。一是光线显然不如室外那样充足、射进室内的自然光线完全受建筑物门窗数量与大小的制约，其色彩则受室内墙面、地面及主要物体颜色的影响。加之还有不同的人造光源照射而呈现不同的色调；

二是，室内的自然光线又是非常有表现力的，甚至是戏剧性的，室内景物的受光部分、背光部分、门窗和物体的投影交织在一起，而呈现出另一种诱人的景象。同时，室内人造光常有吊灯、壁灯、射灯、工作灯、台灯等，既有高位，也有低位，既有暖色光，也有冷色光，变化较多。人造光相对自然光而言，没有那么均匀，比较集中，照射范围有限，但在室内建筑与环境摄影中常常能起到"点睛"的作用。

在进行室内建筑与环境摄影时，既可以自然光为主、人造光为辅，也可以人造光为主、自然光为辅，还可两者同时兼顾。

室内摄影也要注意空间关系的表现，注意控制景深。由于室内拍摄时，尽管有自然光与人造光的选择，但总体而言，光线还是较弱，所以运用三脚架来固定照相机是非常必要的，建筑与环境摄影作品如果缺乏景深，缺乏清晰度，其感染力自然会大打折扣。

正是由于室内光线较弱，更要讲究曝光的准确性。由于室内景物反差较大的缘故，如果仍然按照常规的测光方法进行测光和拍摄，容易造成受光部分与背光部分都缺乏层次，难以获得理想效果。

一般来讲应针对受光部分进行测光和曝光，尽管这样拍摄的结果会使背光部分的层次受到一些损失，但受光部分一定会相对丰富。尤其是在室内受光部分面积大于背光部分或者受光部分占主导地位时，多选择这种方法。当然，如果被摄体大部分处于背光部分时，则应针对背光部分进行测光。

另一个要领是应尽量靠近被摄体测光或靠近被摄主体测光，往往能够获得比较理想的效果。需要指出的是，切忌将测光表或照相机测光系统直接面对明亮的门窗进行测光，这样所获得的结果是不准确的。

在进行室内拍摄时，由于自然光与室内人造光的色温不同，容易造成画面色调的混乱。在具体处理时，既可考虑以自然光为主来拍摄，也可尝试以人造光为主来拍摄，还可通过调校色温进行处理。

五、夜景建筑的拍摄技巧

拍摄夜晚灯光环境下的建筑与环境是一件令人兴奋又十分艰苦的工作。夜晚灯光下的建筑不仅有自身的照明设备，还有来自周边环境的光源，如月光等的映照下显得格外美丽，能极大地激发摄影师的创作激情。然而，看似灯光闪烁、流光溢彩的景色，其总体的光照强度还是较弱的，对于初学者来说，在曝光量的控制及调焦的清晰度上会遇到一些麻烦。

使用三脚架稳定相机，确保进行长时间曝光而不至于晃动，确保对焦的精度是首先要考虑的。如果可能的话，最好还要带上快门线，以防止按动快门时对机身产生轻微的抖动。

夜景中的灯光往往呈现出不同色温的光源，如建筑物墙外的泛光灯、轮廓灯、霓虹灯，街道两旁的路灯、装饰灯、电子广告屏幕，汽车前灯、尾灯的光等。而建筑物室内的照明灯光也存在变化，这些色彩各异的灯光组合，共同构成了都市夜空中的美丽景色。

夜景拍摄的关键就是要掌握好这些光源的特性及色温的变化，通过曝光量的控制、色温的调校，才能拍摄出成功的作品。控制色温的途径大致有以下两种。

一是将照相机内的色温平衡度调整到自动模式，让机内的色温系统根据被摄物体的色温变化做自动调节。还可调到手动模式，根据经验与现场的判断来调校。当然也可以尝试在同一角度、同一光线、同一景物的情况下，通过调整色温来拍摄几张照片进行比较分析，既可以获得相对满意的作品，又可以通过比较来获得准确控制色温的实际经验。

二是拍摄夜景下的建筑群，一般多利用照相机本身的测光系统进行测光。测光时镜头一定要避开主要的发光体，否则所获得的测光结果往往会导致画面偏暗或缺乏层次。最好用中央重点测光模式对准景物中中等亮度的区域进行测光，然后确定曝光值再进行拍摄。尤其是在用数码照相机拍摄时，建议少选用程序模式，而多用手动模式，否则拍出来的照片，不是曝光不足，就是噪点过大。在拍摄夜景时，有些摄影师为了提高准确曝光的系数，将照相机的感光度设置于ISO400甚至更高，这样做的结果是，曝光的准确程度虽然提高了，但是所拍照片上的噪点也会明显增加。因此，在照度一般的情况下，宜将感光度设定于ISO200到ISO400之内。

总之，夜色下拍摄建筑与环境是一项辛苦而富有挑战的工作。挑选好的拍摄角度的困难自不用说，选择环境灯光的最佳组合及车流灯光的最佳走向，更需要有足够的耐心。应充分利用相关的技术方法，提高对焦、测光的准确程度。

第八章　产品与广告摄影综述

本章内容为产品与广告摄影综述，介绍了产品与广告摄影概述、产品与广告摄影在布光方面的要点、产品与广告摄影在构图方面的策略、产品与广告摄影后期处理的主要方法。

第一节　产品与广告摄影概述

一、产品与广告摄影的历史

（一）产品与广告摄影的概念

在现代化的经济社会中，各种商品和服务项目的流通，甚至某些观念和行为的流通都离不开活跃的广告宣传。无处不在的广告以各种形式渗透到人们生活的每一个角落，影响着人们的思维和行为。在各种现代平面广告中占举足轻重的形式要素中，首先是图片。广告中的图片满足了人们的各种想象，成为当代最重要的信息传达形式之一。有一种说法是："没有图片则难成广告"。广告摄影是一门设计和制作应用于平面广告中图片技术和艺术的学科。

广告摄影是以传达广告信息为目的，以当今最新的影像科技为技术基础，以蓬勃兴起的图像文化为背景，以视觉传达设计理论为支点的现代艺术表现形式。因而广告摄影成为具有强大生命力和远大发展前景的行业。

广告摄影大都以服务商业为目的，因而有时也被称作商业摄影。绝大部分广告摄影作品的设计过程，需要有明确的信息传达目标，甚至还需要拟定周密的摄制方案和完整的拍摄计划，并且要具备非凡的想象力和创造力，因此广告摄影有时也被称作设计摄影。在欧美一些国家，广告摄影还会被称作插图摄影，因为广告摄影图片的基本功能是图解特定的信息。广告摄影同时也是一项专业性很强的工作，要使用各种专业的摄制器材，有专业的技术服务机构，并且由专业的摄影工作者进行工作，所以有些时候也会被称作专业摄影。

（二）产品与广告摄影的发展历程

产品与广告摄影作为一种商业推广应用的摄影门类主要是在 20 世纪发展起来的。广告摄影以其在商业宣传中无可比拟的优越性迅速地成为版面空间的表现主体和发展潮流。工业技术的不断提升使摄影影像的成像质量不断提高，广告摄影作品更加具有视觉表现力，对于展示产品的品质特征和企业形象都有明显的优势。20 世纪 80 年代末，法国就当时流行的印刷类广告的画面做过调研，有 90% 以上的广告画面采用了摄影手法。可见，广告摄影几乎成了现代印刷类广告作品的主要方式。

第一次世界大战以后，世界经济逐步复苏，尤其是工业生产领域的效率不断提高，极大地促进了商品的流通与消费。这也使得企业的广告宣传活动更加活跃，对广告的创意与表现要求越来越高，促进了广告摄影的极大发展。20 世纪 30 年代初，各种精美杂志、广告、刊物的出现，刊发了大量具有趣味性、情节性的广告图片。涌现了很多优秀的广告摄影作品，在增加广告作品吸引力和宣传力的同时，也产生了各种摄影流派，如超现实主义摄影、纪实摄影、浪漫主义摄影等。广告媒体的不断发展也促进了广告摄影行业的壮大，广告摄影作为一种新的商业应用的摄影门类，在广告活动中的地位逐步凸显。

20 世纪四五十年代，是广告摄影从战争阴影走向光明的时代。但第二次世界大战（简称"二战"）给世界人民带来了巨大的伤痛，全球经济遭受了沉重的打击。"二战"后，人们面临着物资的缺乏、生活用品的短缺等问题，这也使得广告的视觉表现由浪漫主义向功能主义转变。全世界重新出现的和平氛围，使经济贸易获得了复苏、科学技术水平得到了提高；使生产蓬勃发展、商品数量和品种不断增加；使消费者有了更多的选择空间，市场竞争更加激烈。好的产品不等于容易销售的产品，广告的宣传中介与纽带作用显得更加重要，这自然刺激了商品的推广。媒体的展示对高质量的摄影广告提出极高的要求，促进了商业广告摄影的进步和发展，促使商业摄影成为独立的行业，进而受到社会的重视。

20 世纪六七十年代，是世界经济逐步发展的时期，亚洲经济也出现了持续高增长的状态。以亚洲的日本为例，无论是钢铁工业、机械加工、汽车制造业，还是电子家电、医疗纺织的飞速发展，都促使日本出口贸易的空间膨胀。经济的高速发展为广告行业的蓬勃发展提供了巨大的动力和机会。20 世纪 70 年代以后是现代广告艺术大发展的时期，广告从创意到形式，都发生了巨大的变化，逐步成为商品经济和现代物质文明生活的重要组成部分。市场对广告画面的要求也越来越高，这就促使广告摄影师们不断更新摄影器材、创造全新的摄影技法，使得广告摄影无论是在创意表现上还是在拍摄手段上都取得了很大进步。

20 世纪八九十年代，科学技术迅猛发展，高科技产品也不断涌现，纸媒的画面呈现技术也得到了长足的发展，图片的清晰度、色彩的还原度等指标不断提高；同时，数码技术的应用也改变了广告业，尤其是广告摄影行业的生产模式。数码摄影在广告业的应用，给广告摄影不论是在创意构思上，还是在拍摄活动环节上都带来了极大的便捷。

目前，随着我国经济的不断发展和世界交流的不断深入，我国的广告摄影行业也取得了巨大的进步，广告摄影技术与创意表现能力不断提高，很多摄影师已经具备了与国外摄影师竞争的能力。

二、产品与广告摄影的属性

（一）产品与广告摄影的特点及功能

1 产品与广告摄影的特点

广告摄影是一门满足商业广告应用的摄影门类，这就要求摄影师不仅要掌握各种摄影技巧、具备较高的艺术审美能力，而且要准确了解广告摄影的画面表达在广告活动中的作用，对于客户需求、市场定位和用户期望等要有多方位的综合考虑。

（1）应用服务性

广告摄影是摄影的一个分支，但同时又是广告营销活动中密不可分的组成部分。广告摄影作品不同于纯粹的艺术摄影，尽管广告摄影和艺术摄影有着千丝万缕的联系，但实际上它们不同。艺术摄影更多的是摄影师为表达对人生、社会、情感等自我思想和感悟而进行的创作活动，其作品主要受摄影师对主体和表现技法理解的影响，而很少受到外在因素的干扰，尤其是商业因素。广告摄影一般是受商业客户的委托，根据他们的特定要求和市场需求去设计制作的，它不允许以摄影师个人的意愿进行偏离市场的自由创作。广告摄影是以传达商业广告信息为主要目标的，所以广告摄影属于实用艺术的范畴。从广告整体活动诉求的角度看，广告摄影是将艺术化的信息传播给受众的过程。广告摄影为达到广告传播的最终效果，需要对目标市场、受众群体喜好特征、接受广告的媒介形式等都有系统的策略，同时广告拍摄作品能够满足广告传播的视觉要求，更加注重传播效果的实现。另外，广告摄影必须清晰、准确地传达信息，它不仅要重视信息的思想深度和艺术审美，而且更要考虑广告活动的影响要素。

（2）实用功利性

广告摄影作为广告商业活动中的一部分，其存在的基本意义是完成广告活动的主旨目标，即引起受众的注意力，刺激消费者的购买欲望。广告摄影作品的效果标准，不是以广告摄影师自身的主观喜好为依据的，而是以整体广告活动诉求点和广告目标是否满足为依据，许多创意人员都有过这样的经历，一幅广告摄影作品，尽管创作人员非常满意，但是难以满足消费群体的视觉体验，消费者反馈不好，这对于广告摄影活动而言也是一次"失败的任务"。

（3）信息传播性

广告摄影作品以传播信息为主要目的。摄影师按照客户的市场目标和客户需求进行创意拍摄制作，因此广告摄影作品应充分考虑到商品信息在市场传播中的导向性，在广告摄影的表现方式上应考虑到受众群体的接受程度，对于信息的图像编码应满足消费者信息诉求、接受和喜好，只有这样才能有效地提高信息的传播性，能够让受众群体愿意读、读得懂，并且能够有兴趣、记得住。

（4）艺术审美性

广告摄影利用高科技的方法，通过照相机的光学镜头，真切写实地表现商品的外观、质感、结构、色彩组合等商品的物理属性，给受众真切的视觉感观，唤起人们的购买欲望。这要求摄影师对拍摄对象特质概括提炼，以艺术的手法进行表现。广告摄影是在商家的特定内容形式制约下，摄影师进行的特定创作，所以它除了具有商品的特有属性，还蕴含了作者的审美意象，通过摄影作品图像的审美内涵，使消费者获得美的享受。

（5）表现约束性

从摄影师的角度看，广告摄影的构思创意受到被宣传商品的广告策略的制约，具有较大的局限性，特别是广告摄影构思和创作讲究定位、定向设计目标，在内容的表现方面，围绕广告的目的常有明确的规定性。但是作为艺术摄影的构思和创意，则没有这方面的约束。艺术摄影可以追求别出心裁，有较大的自由表现空间。因此，广告摄影必须努力表现商品的个性和风格，常常要将个人的风格隐藏在后面，以服从商品的推广需要为主，不然很难达到预定的目标。同时，由于广告摄影作品的发布必须经过具体的媒介，其效果也会受到具体媒介表现方式的制约。

2. 广告摄影的功能

广告摄影以其符号的纪实性、信息传播的直观性、降低了受众群体阅读理解信息的门槛，提高了传播的有效性。广告摄影的功能是在广告传播中体现的，并以摄影图像在受众群体中的传播效果来衡量的。因此，广告摄影的功能是指摄影图像在广告传播中对受众的视觉认知、消费刺激等方面的作用。广告摄影在广告推广中的功能主要体现在以下 6 个方面。

（1）广告摄影体现广告主题

广告摄影最基础的功能就是通过视觉画面传递广告信息。广告活动的主旨是广告主题的有效传播，它是整个广告流程的核心任务。而对于受众而言，信息接收的门槛越低，广告主题的传播效果越好。广告摄影是将广告主题化为视觉元素，以图像的形式体现，这不仅有效地传播了商业信息和广告诉求，而且生动的画面语言能够直观地展示广告主题的内涵意境，达到广告推广的目的。

（2）广告摄影增强视觉效果

在广告传播的可视化语言中，广告摄影的画面元素丰富，综合运用形状、色彩、肌理等视觉元素，极大地丰富了视觉信息的表现形式，增强了画面的视觉冲击力。据盖洛普世界民意调查的结果显示，广告版面中的图像要比相同体积文案的瞩目效果高出一倍以上。绝大多数人阅读广告的顺序都是先看图片后看文案。摄影画面还可以对广告文案的部分内容产生提示的效果，有一定的意念或者产生一定的趣味吸引读者产生进一步深入了解广告内容从而产生阅读广告的欲望。

（3）广告摄影提高内容可信度

文字语言属于抽象的社会化符号，它在意义转化中没有视觉语言直观有效。对于商业广告中的基础信息，如产品的外观、结构、色彩搭配等，文字语言远没有视觉语言表达的高效。广告摄影以其写实性特点，能够客观再现事物的真实感观。相比较文字语言的抽象意境理解，图像更具有广告内容表现的可信度。从受众接受心理的角度看，真实的画面语言远胜过抽象、主观的文字表述，给受众带来了更多的安全性信息。所以广告摄影增强了受众对商品或服务等广告信息的感性认识，加深了受众对广告信息的认知体验，提高了广告内容的可信度。

（4）广告摄影满足阅读需求

在这个大众媒体广泛发展的时代，人们的生活中同样充斥着大量的传播信息。广告摄影的视觉画面对于消费者而言，无论是在感官上还是在信息内容上，都满足了用户多样化信息阅读的需求。广告摄影画面在传递广告活动的视觉信息时，为消费者提供了审美愉悦，提升了消费者对事物的关注度与阅读度。只有针对性地创作出符合时代审美特点和消费者诉求心理的摄影作品，才能迅速地吸引消费者的目光，极大地提高广告效率，从而达到最佳的广告效果。

（5）广告摄影加深形象记忆

相比较抽象的语言符号，人们对于具体形象的记忆要深刻得多。广告摄影通过纪实的视觉符号图像，能引起更高的关注，更容易激发消费者的兴趣，从而产生深刻的记忆。消费者在接受信息的过程中可以迅速地把握广告推广中的视觉形象。成功的广告摄影作品所创造的视觉画面能够在消费者心中留下很深的记忆。这种对画面产生深刻记忆的现象就是信息传播的重要目的。

（6）广告摄影提高传播效率

在广告视觉表现中，主要的元素包括图像元素和文字元素。图像信息直观真实，画面内容阅读门槛低，视觉冲击力强，能够快速地表达广告诉求要点。而文字语言，主要是深入阐明广告主题，介绍相关广告信息，阐明广告所传递的消费理念。在众多媒体中，消费者浏览的时间过短，若要在短暂的时间里给消费者留下深刻的印象，就需要使用广告摄影的画面表现来提高广告传播的效率。

（二）广告摄影的分类

广告摄影是广告活动中的基础环节，其应用范围相当广泛。在此对广告摄影进行分类，以便于广告摄影学习者之间的沟通交流，进而能够更加深入地研究广告摄影的技术技法、表现特点和营销作用。商业广告摄影可按拍摄题材、拍摄对象、应用媒介和服务行业4种划分标准分类。

1. 按拍摄题材分类

按具有商业摄影元素的题材划分，广告摄影可分为服饰类（如时装类）、食品饮料类（如酒类）、保健品类、医药类、房地产建筑类、室内场景类、家庭用品类（如小商品、电器等）、交通类、旅游及城市旅行与风光类、公益类、企业形象类、办公设备类、通信服务类、商业人像类、机械产品类及其他类等。

2. 按拍摄对象分类

按具体的拍摄对象划分，广告摄影可分为饮料、菜肴、食品、水果、药品、化妆品、首饰、手表、眼镜、家用电器、文化用品、箱包、丝绸、裘皮、内衣、泳装、西服、时令女装、童装、鞋帽丝袜、运动服、腰带、手套、汽车、摩托车、自行车、机床、建筑外貌、室内装修、家居饰物、家具物品、厨房用品、洁具等。

3. 按应用媒介分类

按应用媒介划分，广告摄影可分为路牌广告、招贴海报、样本目录、灯箱广告、挂历画面、商业明信片、宣传画册、POP售点广告、DM广告及媒体（如报纸杂志）印刷广告等。其中，样本目录是拍摄最多的，也是客户使用最频繁的商品宣传样式；路牌广告灯箱和招贴海报因画幅大而引人注目，具有良好的宣传效应；报纸广告传播速度较快、时效性强、宣传画面广，也是商家常用的方式；POP售点广告是超市、购物中心、百货商场、零售商店为导购商品、诱导消费行为所做的广告，包括店堂内悬挂的商品模型、摄影图片、橱窗货架、导购台、陈列架等。大型商场的橱窗成为海报和灯箱广告的最佳场所，也是商场的POP广告的有效组成部分；DM广告是邮局邮寄的商品宣传单、商业广告信件等；媒体印刷广告大多是商场、超市、快餐店等商家为促销而寄来的印刷单页、商品综合宣传单、优惠券、卡片等。

4.按客户分类

广告摄影作为广告整体活动的一部分，必须符合商业行为的设计要求。因此可以按照不同类型的客户进行分类，广告摄影可分为产业摄影、服务业摄影和消费品摄影三类。产业摄影是指以制造业所需要的产品为对象的广告摄影，它表现的内容多为各种原材料、器材设备、各种零部件和加工工具等；服务业摄影表现的是看不见的商品，各种商业服务项目，如金融银行业、交通旅游业的各种服务和服务设施，以及自然旅行与风光和人文历史资源等；消费品摄影是整个广告摄影中最普遍的，其宣传的对象是商品的消费群体，各种日用品、食品、服装甚至汽车等。

广告摄影还有其他不同的分类方式，上述分类方式是最常见的形式。在进行具体广告摄影的设计和制作过程中，应该根据不同的制作阶段、不同的设计要求进行科学的分类和研究，以满足特定的需求，只有这样才能正确把握广告摄影的本质，高效优质地完成广告摄影工作。

三、广告摄影的工作内容及流程

（一）广告摄影的工作内容

广告摄影是以商品为主要拍摄对象的一种摄影，通过反映商品的形状、结构、性能、色彩和用途等特点，从而引起顾客的购买欲望。广告摄影是传播商品信息、促进商品流通的重要手段。广告摄影的工作一般分为前期策划、中期拍摄和后期合成制作三个阶段。

1.前期策划

前期策划阶段非常重要，是关系摄影任务成败的关键。

①经验丰富的摄影师要与客户充分交流，对客户的需求分析进行定位，了解客户要求拍摄的内容和目的，包括对拍摄对象的特点、企业品牌的理解；同时将准备好的、以前比较成功的资料分享给客户，也让客户了解摄影师的风格和特点。这是整个摄影工作的前提和基础。

②根据客户的要求，积极地整理和搜集与拍摄内容相关的资料，必要时要做一些市场调研。在搜集材料的时候要围绕着表现的内容，考虑摄影广告的整体性

和视觉效果，对搜集的材料进行初步的加工、整理，为客户设计专业的、创意性强的方案。

③与策划创意部门、美术设计部门、客户积极协商，讨论初稿内容、听取有关人员的意见，作出修改，制作手绘草图，给客户做必要的介绍说明，取得客户的认可。

④在与客户沟通并获得认可之后，对广告摄影的拍摄内容、制作要求、经费预算、制作周期、完成形式等相关事宜签订有关的合同，起到约束和制约双方的作用。

2. 中期拍摄

（1）拍摄前的准备工作

拍摄前，要召开相关人员的准备会议，根据创意和制作要求讨论关于商品实物、拍摄场地、灯光、模特、美术及其化妆道具、服装设计、摄影器材和相关的辅助设备、拍摄时间和保险等事项。

（2）实施拍摄

广告拍摄时不需要很多人。只需要摄影师、美术设计人员、委托企业的有关业务人员、摄影助手在场即可。拍摄时一般先用一次成像正片及摄影电脑屏幕观察等方式取得初样效果，然后对画面进行调整、构图、曝光、色彩处理等相关技术进行确认，并作出合理的调整，满意后再正式拍摄。

3. 后期合成制作

（1）电脑合成

这项工作一般由摄影师和美术设计人员共同来完成，根据创作意图和客户的要求合成样照后，送客户确定。

（2）制作

根据客户最后确定的方案，制作成灯箱、印刷品、彩色喷绘、POP 宣传品等，并与制作部门和有关的制作单位及时联络。广告摄影师也应该是后期的印务专家，及时督促，保证质量，按时完成业务，送交客户手中。

（二）广告摄影的流程

由于各种广告作品的制作渠道不同，广告摄影的设计和制作过程也会有所差异，但一般广告摄影的制作过程主要有以下几个阶段：根据广告策划书确立出发点；画面的构思和拍摄的前期准备；正式拍摄和制作定稿；后期效果反馈和调查。

1. 确立出发点

确立广告的出发点和想要达到的目的，是广告摄影首要的任务，只有目的明确才能进行工作。确立的出发点，主要是根据广告的委托书来进行的。

广告策划书是指企业广告宣传书的具体计划方案。这个方案是经过严格的市场调查、分析后制作的切实可行的方案。因此下一步的广告摄影拍摄计划必须根据它来制订。按照策划书的主旨制订一套符合客户要求的图像表现方案，并及时地与客户沟通方案。广告策划是广告设计的前提和基础，统辖并制约着广告设计。广告设计和广告摄影如果脱离了广告的整体规划，以一种纯艺术的观念进行，必定会偏离和丧失广告目标与广告对象，成为一种主观臆断的活动，最终注定失败。在大型的广告活动中，摄影师的自由权是相当有限的，必须不断地调整自己的风格来适应业务要求。

2. 画面的构思和拍摄的前期准备

广告摄影的表现方向拟定后，就可以进行设计画面了，这是把主旨转化为视觉形象的过程。这一阶段是一个重要的阶段，需要有创造性画面的设计，而这些创造性的设计一般都是集体智慧的结晶。不仅有摄影师，而且还有艺术指导、文案人员等。由艺术指导统一协调，最后拟订拍摄草图。这是整个广告摄影中最为关键的一步。在草图中确定表现的方式，如采用夸张、幽默等表现手法，还要确定一些视觉元素，如整体的色调、基本的元素等。这些完成后，广告公司将草图与客户进行沟通，获得认可后就可以进行下一步的工作了。

3. 正式拍摄和制作定稿

既使是详细的草图也很难预见镜头里的各种效果变化，因此草图只是一个大的框架。摄影师在接到拍摄任务后会调动一切摄影语言和表现方法、方式，富有个性地进行再创作，这是整个环节中最重要的一环，是决定最终效果的一环。

广告策划书的创意经过草图阶段，创意人员又做了一定的限制，到了摄影师这里，摄影师不仅要思考画面构图、色调，还要与模特协调确定照明效果、器材操作等问题。因此，盲目地说摄影师的工作只是照图拍摄是不全面、不正确的。摄影师每一次面对一个新的创意、拍摄任务，都应富有激情、创造性地进行艺术创作，充分利用摄影语言、摄影方法富有个性地进行表现，让主题更加完美，把广告表达意图转化为视觉形象。

拍摄完成后，大部分广告作品需要经过后期处理，现在可以通过数码技术和电子暗房完成。广告作品的质量要求较高，内部不允许出现失误，完成后交给客户再次认可，就可以交给印刷制作部门了，最终选定媒介发布出去。

4. 后期效果反馈和调查

广告效果的测定，一般是委托专业的调查机构来完成的。这一过程是非常必要而且重要的，只有被市场和消费者接受的广告才是成功的广告。从调查的结果中才能找到不足的原因。毕竟在设计制作过程中主观的因素多一些，并不知道客观的因素效果，只有通过市场的调查才能知道广告的真实效果，从而不断地改进和提高广告摄影制作。

第二节　产品与广告摄影在布光方面的要点

一、影室布光的基本步骤与规律

影室灯光不像自然光，摄影师完全可以根据主观构思和表现需要，运用娴熟的布光技巧，营造出奇妙的光影效果。但由于影室布光具有较大的主观随意性，一方面，可使摄影师将布光的效果发挥到极致；另一方面，却增加了布光的难度。为了提高布光的效果和速度，布光时一般要遵循以下步骤与规律。

（一）确定主光

主光是主导光源，它决定着画面的主调。在布光中，只有确定了主光，才能添加辅助光、背景光和轮廓光等。在确定主光的过程中，要根据被摄体的造型特征、质感表现、明暗分配和主体与背景的分离等情况来系统考虑主光光源的光性、强度、涵盖面及到被摄体的距离。对于大多数拍摄题材，一般都选择光性较柔的灯作为主光，如反光伞、柔光灯和雾灯等。直射的泛光灯和聚光灯较少作为主光，除非画面需要由它们带来强烈反差的效果。

（二）加置辅助光

主光的照射会使被摄体产生阴影，除非摄影画面需要强烈的反差，一般为了改善阴影面的层次与影调，在布光时均要加置辅助光。辅助光一般多用柔光，它的光位通常在主光的相反一侧。加置辅助光时要注意控制好光比，恰当的光比通常为 1：3～1：6，对于浅淡的被摄体，光比应小些；而对于深重的物体，光比则要大些。根据画面效果的需要，辅助光可以是一个，也可以是多个。在使用各种灯具作辅助光的同时，别忘了尽量多使用反光板，它往往能产生出乎意料的效果。

（三）设置背景光

背景的主要作用是烘托主体或渲染气氛，因此，在对背景光的处理时，既要讲究对比，又要注意和谐。在主体与背景光比的具体控制中，可通过选择合适的灯距、方位和照明范围来控制，或用各种半透明的漫射体或不透明的遮光物在主光与背景轴线上适当部位进行遮挡，以得到适当的亮度。

（四）加置轮廓光

轮廓光的主要作用是使被摄体产生鲜明光亮的轮廓，从而使被摄体从背景分离出来。轮廓光通常从背景后上方或侧上方逆光投射，光位一般为一个，但有时根据需要可用两个或多个。轮廓光通常采用聚光灯，它的光性强而硬，常会在画面上产生浓重的投影。因此，在轮廓光布光时一定要减弱或消除这些杂乱的投影。对这些投影的消除或减弱，除了调节灯位，有时巧妙地借助反光器作轮廓光投射也会起到意想不到的效果。在轮廓光布光时还应注意轮廓光与主光的光比，通常轮廓光是亮于主光的。另外，布光时应根据拍摄主体的需要选择硬光还是柔光作为轮廓光。但轮廓光并不是每幅画面必需的光线，只有当画面需要时才添加，不然就会有画蛇添足之感。

（五）加置装饰光

装饰光主要是对被摄体的某些局部或细节进行装饰，它是局部、小范围的用光。装饰光与辅助光的不同之处是它不以提高暗部亮度为目的，而是弥补主光、辅助光、背景光和轮廓光等在塑造形象上的不足。眼神光、发光及被摄体明部的重点投射光、边缘的局部加光等都是典型的装饰光。装饰光的布光一般不宜过强过硬，以致容易产生光斑而破坏布光的整体完美性。

（六）审视

在以上布光过程中，由于光是一种一种地添加的，后一种光很可能会对以前的光效产生影响，因此，在布光完毕后，还需仔细审视整体光效，如布光有无明显欠缺或不合理的地方，投影的浓淡是否合乎要求，投影的位置是否合适，各光源的照明是否出现干扰，各光源有否进入取景画面而造成光晕等。对这些细节的审视，可以避免因一时疏忽而造成前功尽弃。

二、影室布光的技巧

为了取得理想的光影效果，影室布光时除了要遵循上面所提的布光步骤和规律，还要特别注意掌握以下技巧和要领。

（一）控制好光源面积和扩散程度

光源面积的大小直接关系到光源的发光性质，而光源的发光性质又影响到被摄体的明暗反差。因此，控制好光源面积和光源的扩散程度可以较好地控制被摄体的明暗反差效果。需要低反差时，光源面积要大，并且扩散程度也要大，使光的覆盖面超过被摄体；需要高反差时，光源面积要小，并且扩散程度也要小，使光具有方向性。

（二）保证足够的照明亮度

足够的照明亮度可使摄影师自如地通过光圈控制所需的景深。虽然在照明亮度不够时可采用延长曝光时间或进行多次曝光的方法来解决，但这两种方法都会给拍摄带来不便。延长曝光时间容易引起曝光互易律失效，从而导致胶片的颗粒变粗，反差降低，色彩出现偏差；而采用多次曝光则要求被摄体和照相机的位置在曝光期间纹丝不动，并且曝光量的计算也较为复杂，拍摄的难度大大增加。

（三）选择合适的灯距

灯距的大小直接影响到被摄体的受光强度，被摄体的受光强度是按灯距的平方倒数变化的，光强随灯距的变化非常大。另外，灯距的大小还会影响被摄体的明暗反差效果。当灯距很小，并且光源面积小于被摄体时，光源可看作点光源，被摄体的反差较大；反之，当灯距很大时，光源可看作面光源，被摄体的反差较小。

（四）尽量少用灯具

布光中，并不是灯具用得越多越好，使用灯具数量过多，不仅使布光显得复杂，而且会带来杂乱无章的投影，而这些投影的消除往往又比较困难。因此，在布光中，要尽量少用灯具，必要时，可选用反光器进行补光。

（五）多用反光器

在布光中提倡多使用反光器，它不仅会产生投影，而且各式各样的反光器能提供不同光性的反射光，易于控制效果。反光器不仅可作主光照明，也可对被摄体的暗部作辅光照明，甚至可根据布光的需要和被摄体的形状进行切割，对被摄体的某些局部进行补光，极好地控制光域。在广告摄影中，经常会出现使用反光器的数量多于使用灯具数量的现象，而对一个广告摄影师来说，能否灵活而有效地使用反光器则是其布光是否成熟的标志。

（六）恰当的光比控制

布光中的光比控制决定着被摄体自身的反差，以及画面中主体、陪体和背景三者之间的明暗对比，同时也决定着整个画面的影调和被摄体的质感及细节表现。布光中的光比控制一般以真实表现被摄体本身固有的表面亮度、质感和色彩为原则，如对白色的主体要表现出它的素雅和洁净，主体宜处理成高调；对黑色的主体要表现出它的深沉和凝重，主体宜处理成低调。当然，在不违背广告创意的前提下，摄影师也可根据自己的个性和习惯创造性地控制光比，以求得布光上的新意。

第三节　产品与广告摄影在构图方面的策略

一、产品与广告摄影构图的原理

（一）产品与广告摄影构图的含义

产品与广告摄影构图是指广告摄影师为了表达广告内容或意图，对摄影画面进行的布局、取舍和安排。广告摄影师通过镜头视野的选择，运用摄影造型方法，把被摄物的主体、陪体和环境组成一个整体，构成完美的画面，用以揭示主题的思想和内容。产品与广告摄影构图并不是将所有相关的信息都表现在摄影画面上，重要的是吸引观众的视线并使其集中注意力，不受摄影画面内其他因素的干扰，突出地表现主题。这也是广告摄影构图的主要任务。

（二）产品与广告摄影构图的原则

1. 突出主体，揭示主题的思想和内容

主体是指广告摄影师创作意图的主要对象，它在摄影画面中占有主导地位。主体是主题思想和内容的体现者，只有突出主体才能揭示主题的思想和内容。

2. 正确处理好主体与陪体和环境的关系

主体与陪体和环境的关系是突出和烘托的关系，既要主次分明，又要相互关联。通过摄影画面有力地表达主题思想和内容以及摄影者的观点，说明问题，从而吸引、感染观众。

总之，产品与广告摄影构图的原则是从主题的思想和内容出发，采用一切摄影造型方法，尽可能构成完美的表现形式，使摄影画面产生强大的表现力、感染力和说服力。产品与广告摄影师在运用构图原则时，往往比运用摄影技术要有更多的灵活性和直觉性。

二、产品与广告摄影构图的要求

产品与广告摄影构图和摄影构图的要求有许多共同之处，如简洁、完整、生动和稳定等。

（一）简洁

简洁即简明扼要，是指使摄影画面一目了然。与主题思想无关的、不必要的景物一律抛开，敢于取舍，做到主题鲜明简练，从而达到摄影画面的简洁。

（二）完整

完整是指被拍摄的对象必须在画面中给观众以相对完整的视觉对象，特别要注意主体不能残缺不全，影响主题的表现。当然，由于视觉的延伸作用，有时不完全的景物同样能给观众一个完整的印象，但重要的且能揭示主题思想的内容要求完整。另外，标题、画面和一些文字说明也同样必须统一，这样才不至于破坏画面内容的完整性。

（三）生动

生动是指拍摄人物时，要抓住最能反映其性格特征、表情、动作的瞬间姿态，或者拍摄事物时必须抓住事物发展的高潮和典型瞬间。摄影艺术是瞬间艺术，在表现方法上要有创新意识，不断采用新的方法，把人物和事物拍摄得生动活泼、生机勃勃，使摄影画面效果既统一又多样。

（四）稳定

稳定是指景物在摄影画面中给观众以均衡的感觉。通常情况，景物形象的轻重感觉取决于景物对视觉刺激的强度，是感觉上的心理重量。因此，在视觉感受上要给人以安全感，除非刻意追求某种特殊效果。拍摄角度、影调深浅、地平线倾斜等都影响着摄影画面的稳定感。

除以上基本要求外，还有一些其他要求，如黄金分割、留白、画面构成、突出、比例等。

三、产品与广告摄影构图的方式

（一）多样与统一

构图方式繁多，但多样统一是一切视觉艺术的基本规律和形式美法则。作为对自然本身和现实本身某些规律的反映，美是对立面的相互作用、是多样性的统一。美的形式是为内容服务的，最终达到内容与形式的和谐统一。多样统一即变化统一，没有变化和多样性就没有艺术、没有美感。但一味追求变化多样容易导致秩序的混乱，不可能传达出美感；同样，只有统一又会显得简单和单调。多样统一的规律体现了自然世界中对立统一事物的法则，是客观事物本身所具有的特性，是对立统一规律在视觉艺术中的具体运用。多样体现了各事物的千差万别，统一体现了各事物的共性或整体联系。因此，要利用对立面的相互作用，实现多样性的统一。多样统一不仅是对各种实物而言，也包括光线、影调、色彩等因素。

（二）对称与均衡

构图的核心是平衡。平衡是张力的结果，是对立的影响力相互匹配以提供均衡和协调的感觉。平衡是和谐，是结果，是直观感觉到美学愉悦的状况。平衡有两种形式，即对称平衡和非对称平衡。非对称平衡并不是不平衡，左右两边的形体、影调和色彩不相同、有变化，但两边的重量是平衡的。因此，非对称平衡也称作均衡。均衡不仅包含形、影、色等形式上的均衡，也包含人物之间的关系及运动方向等内在均衡。对称平衡使人产生庄重、严肃、安稳、平静的感觉，但动感不强，不够生动，略显呆板。均衡富于变化、生动而又活泼，因而在具体的创作中运用得较多。

（三）对比与和谐

明暗、形状、颜色及感觉之间的对比是构成图像的基础。对比可以是形式上的对比，也可以是内容上的对比。形式上的对比多是由艺术造型方法形成的，它包括形体对比、影调对比和色彩对比等。内容上的对比多半是通过某些社会现象和事件展现的，对比的效果最终侧重于内容上。对比是差异状态而产生的一种现象和效果，它不仅是一种艺术上的表现手法，还是艺术构成的形式基础，对广告摄影的形式和内容有着重要的作用。从前期拍摄到后期加工制作，每个环节和最终形成的作品都会客观地存在着多种多样的对比因素，彼此又有紧密的联系。因此，在创作中要掌握其规律，充分发挥其作用。

世界上的万物都存在着矛盾，处在对立统一之中。对立统一法则是自然和社会的根本法则。在广告摄影构图中，只有对比没有和谐或只有和谐没有对比都是不行的。只有在构图中取得矛盾的统一，才能获得既生动对比，又整体和谐的美感。

第四节　产品与广告摄影关于后期处理的主要方法

一、显示器色彩校正

显示器进行色彩校正的目的主要是让显示器显示的图像和最终输出的照片保持一致的效果，如有相同的色温、亮度等，使人眼在观看显示屏和照片时有大致相同的感受。显示器的色彩校正在数码摄影中是非常重要的一个环节。如果在显示器上看到的颜色不能代表数字影像的真实颜色，那么就不可能使图像在各种相关设备（如扫描仪、数码相机、打印机、投影机、印刷设备等）上保持色彩连续的一致性和准确性。后果是，在显示屏上看上去不错的画面，在印制照片、印刷图像等过程中会产生差异，不但无法达到要求的颜色，还会浪费大量时间、精力和物力。

特别需要说明的是，不是所有的显示器都可以做色彩管理，因为人们需要的是能达到专业效果的构图。如果显示器使用太久、已老化、太残旧、显色不稳定或不支持全色彩（24Bit）等，做校正工作已无实际意义。

Adobe Photoshop 的自身色彩校正是通过 Adobe Gamma 实现的。使用者可以使用该工具简单、快速、方便地进行显示器自身的色彩校正。校正步骤和参数设置如下。

首先，预热和开启 Adobe Gamma，显示器的开启时间应控制在30min以上，显示器从接通电源到稳定工作，需要一段较长的预热时间。工作环境光线设置同样非常重要，应避免光源（如灯光、阳光等）直射到屏幕上，不要把显示器放在明亮的窗户旁，尽可能关闭所有台灯，拉上窗帘，适当降低环境光线的亮度。室内墙壁、墙纸和工作桌面最好为中性灰色。环境最好让室内光照基本保持与平时使用显示器时的光照条件一致。如有可能在显示屏上加一个突出的遮光罩进行保护，会有更好的校正效果。

其次，安装 Photoshop 软件（5.0以上版本），点击电脑上的"开始"菜单，从"设置"进入"控制面板"，找到 Adobe Gamma 应用程序，双击后就会出现一个导向菜单，按照菜单指示可以一步一步地完成相关操作，最后建立所需要的显示屏 ICC 特性文件。

最后，进入 Adobe Gamma 菜单，电脑会先告诉，该程序的任务是校正显示器，并生成一个 ICC 特性文件。首先在两种校正方式中选取任意一个："逐步（精灵）"方式，要求分步进行校正；"控制面板"方式，把所有应该设置的项目显示在一个面板上进行校正。面板上需要调整的项目有明度（亮度）和对比度、荧光剂（粉）（显示器的类型）、Gamma 值、色温及白点等。"控制面板"上的设置有些项目可以是缺省的，直接使用会更快捷、更简单方便。对于初次接触显示屏色彩校正的可以选用"控制面板"默认值，及时完成校正。

需要先定义一个描述当前的显示器色域范围和显色特性的色彩特性文件，其目的是要创建新的色彩特性文件前提供预设置，设立一个基准。显示器通常默认为 sRGB IEC 61966-2.1，当然也可以选用 Adobe RGB。如果显示器生产厂家已在出厂时配制了 ICC 特性文件，可以选择"加载"按钮进行安装，其精确程度和效果都非常好。另一种可能是电脑中已保持以前校正显示器留下来的 ICC 特性文件，也可以考虑直接引入使用。

普通的显示器都会提供明度（亮度）和对比度控制，好一些的会有 RGB 通道的对比度控制，较为专业的显示器还会提供 RGB 的亮度控制。在校正前，应搞清楚能调节的参数。

显示器的对比度和亮度调节是两个很容易让人引起误解的功能。实际上改变对比度对显示器的实际亮度影响更大，而亮度的变化则会影响显示器观察时的对比度。对显示器进行对比度和亮度的调节，实际上就是控制显示器的白点和黑点，也就是能够表现最亮和最暗的色彩范围。

使用显示器上的对比度调节按钮，将对比度调到最大，然后利用亮度按钮将屏幕上 Adobe Gamma 显示窗口的右边方形块内灰色方块调节到尽可能暗，但仍能分辨。当然，这项设置比较困难，感到难以判定，需要一定的耐心。

通常，程序能自动检测显示器或荧光粉的类型，并显示在"荧光粉"引栏的右边，一般可以直接选用。当然，用手动方式选择知道的显示器或荧光粉型号或名称对建立更准确特性文件会有帮助。

Gamma（伽玛）值的确定会影响图像高光和暗部的分布和表现。分别移动滑杆标使各色的中间框"淡化"在外框包围中（这项操作较难判断），这样就完成了三色通道的校正工作。接着选择 Gamma 值，按面板上的指示，微软公司推荐 22，接近显示器显示系统本身的 Gamma 值；苹果公司推荐 1.8，使显示器的显示系统的整体 Gamma 值更接近照片和印刷品的 Gamma 值（1.8）。完成后可以进入下一项设置。

Gamma 值默认时是单幅灰度的指示，需要 RGB 三色通道各自校正时，将"仅检视单一伽玛"选项取消后，会出现三色块指示图像。

对色温进行测量的方法是，先点击"测量中"，再点击"确定"。关闭显示屏周围的照明光源，点击左边的冷调色块或右边的暖调色块，使中间位置的灰调色块看上去与左右色块有区别，并更自然些。然后，点击中间色块或"Enter"键，就完成该项操作。如果按下"Esc"键，可取消设置。设置最亮点，可以与屏幕硬件一致，如 6 500K；也可以自行确定，选择 5 000K 的暖白或 9 300K 的冷白。如果显示器的色温无法调节，建议使用显示器色温的缺省设置，一般为 9 300K。

尽管以往生产的大部分电脑显示器的色温为 9 300K，但校正时通常均选择色温 6 500K（标准日光 D65），使屏幕上见到的图像颜色与观看输出照片尽可能接近。

色温校正后，整个操作已基本完成，可以在对话框中点击"校正前"和"校正后"，比较显示屏前后的变化。校正前后色彩变化不明显的情况也是常见的，不一定是校正不当引起的，有可能是校正前显示屏幕已基本符合要求。

点击"下一步"，会弹出一个存储对话框，需对新建立 ICC 特性文件命名，通常可以在文件名后标注日期等，方便识别和使用。最后把新命名特性文件存入"color"。当屏幕的校正周期为 1~2 周时，一般人眼不易发觉前后色差变化，但色彩特性文件中记录的数据会发生变化。

通过 Adobe Gamma 的各种设置，可以形成一个 ICC 特性文件，用以描述显示器的色彩特性。这个特性文件兼容微软 Windows 操作系统下的 ICM 文件和苹果机操作系统下的 Colorsync 系统，同时也可以在 Photoshop 软件上读取、使用。

当然，人眼目测和经验无法替代由硬件（测色仪器）和软件组成的色彩管理系统，Adobe Gamma 目前也不能取代专业显示器校正仪，但对于数码影像领域广大使用电脑进行图像存储和处理的专业摄影师和摄影爱好者，却是一种相当方便并有一定效果的工具。色彩管理也许会花费一些时间和精力，却会把使人困惑的图像颜色差异问题有效化解。

二、电脑数字化管理

Photoshop 是数字化影像后期处理的利器，下面所介绍的一些必需的知识，就是围绕 Photoshop 展开的。在进入 Photoshop 的基本管理空间之前，先简单了解一些数字化图像的基本概念。

像素（pixel）是图像的最小单位，以一个单一颜色的小格存在，图像放大后可以看到单色像素的构成。分辨率是单位长度上像素的数目，其单位为像素 / 英寸（pixel/inch）或是像素 / 厘米（pixel/cm）。

图像大小主要从打印尺寸和文件大小等方面考虑。当然可以将分辨率较高的文件打印为较小的图像，但是文件太大不利于储存和传输。如果将分辨率较低的文件打印成较大的图像，图像的质量就会变差（在 Photoshop 中，通过 Alt+ 点击左下角，可以得到基本的图像信息）。

高分辨率的图像有较多的像素，可以比低分辨率的图像打印出更细致的色调变化。

（一）图像文件的设置

由于在图像处理中，Photoshop 是使用非常频繁的软件，因此在使用前最好做一些必要的设置，以便运行的过程更为流畅。这些设置主要集中在菜单中的"编辑 / 预设"中。

内存与图像高速缓存：在"可用内存"的设置上，可以将最大数量提高到80% 左右，占据对内存的绝对使用量；"高速缓存设置"默认值为 4，如果电脑的内存比较大，可以设置为 8。

增效工具与暂存盘：在设置前，启动盘（通常为 C 盘）为暂存盘，这样会引起程序间的冲突，影响 Photoshop 的操作流畅性，甚至会因为启动盘的空间不足而提示无法操作。因此建议将硬盘中自由空间最大的盘作为第一暂存盘，将另外比较大的盘作为第二、第三及第四暂存盘，避开启动盘。预设设置完成之后，退出 Photoshop，再次运行 Photoshop 时，就能使用新设置流畅地运行软件处理图像了。

RGB 模式：可见光谱的三种基本色光元素，每一种颜色存在 256 等级的强度变化，应用于视频、多媒体和网页设计。

CMYK 模式：彩色印刷品四色印刷的基础，黑色用来弥补 CMY 产生的黑度不足。最后的印刷过程都要将 RGB 模式转换成 CMYK 模式，但是 CMYK 在屏幕上的显示并不理想，文件也要大三分之一，有些滤镜也无法使用，因此习惯上选择 RGB 模式操作。特别需要注意的是，色彩模式的频繁转换也会使色彩失真。

灰度模式：采用 256 级不同密度的灰色来描述图像。可以将彩色图像转换成灰度图像。

位图模式：使用两种色彩值（黑或白）来描述图像中的像素。彩色模式不可直接转换为位图模式，可以将彩色先转换成灰度，然后再转成位图图像。

（二）图像的文件管理

打开新文件：在新文件的对话框中可以设定名称，输入中英文均可；图像大小，包括图像的高与宽、分辨率、色彩模式；文档背景，可以选择白色、背景色或透明。

打开旧文件：在文件的预览框中，可以看到文件的预览图。最近打开过的文件可以在文件列表中找到，当然也可以自己设定打开过的文件的数量。

文件格式：Photoshop 可以处理的格式非常多，最常用的介绍如下。

Photoshop 格式，可以保留图像的所有信息，包括图像模式、层、通道等，便于随时编辑和修改，但是其兼容性很差，体积也大，在最终定稿后必须转成其他的格式。BMP 格式，用于 PC 环境中的各种软件进行交换和储存，非常稳定，但是图像文件较大，也不适合于 CMYK 模式。JPEG 格式，是有损压缩的文件格式，可以用不同等级的压缩方式储存文件，以便获得最好的质量或者是最大的压缩比。GIF 格式，是只能储存为 256 色的压缩格式，图像文件更小，主要用于网页设计。TIFF 格式，是最具弹性的通用格式，方便文件的交换和传输。文件较大，可以进行压缩，但是必须根据排版软件的类型进行压缩。RAW 格式，未经加工的原始素材格式，可以保留更多的拍摄信息。使用 RAM 格式，不仅可以获得较高画质的图像，赢得更大的曝光宽容度，同时还可以自由调节和改变最后的白平衡效果等。老版本的 Photoshop 需要加上相应的插件才能打开和处理 RAM 格式的文件。Photoshop 6.0 以上版本已经兼容大部分数码相机的 RAW 文件的处理。

Photoshop 有多种文件的储存方式。"储存"是指将文件储存为目前的格式及名称。"储存为"是指将文件储存为不同的格式或文件名，并且保留原本文件。"储存副本"是指将文件另外储存为一个副本，保持原本文件的执行状态。Photoshop 6.0 版本开始新增了"储存为网页"，可以对适合网页使用的文件进行最优化处理。

三、图像的基本编辑处理

Photoshop 可以对图像进行编辑和处理，而且功能十分强大。

由于屏幕的大小有限往往不能配合文件的实际尺寸，或者需要对图像进行一些细微的处理，图像预览就能满足这方面的要求。其中窗口显示模式包括标准窗口显示模式（左），全屏幕窗口包含菜单栏模式（中），全屏幕窗口不包含菜单栏模式（右）。

图像的预览放大和缩小包括：①选取缩放工具并将鼠标移到图像窗口中，每单击一次就可以按倍率放大图像，点击的位置是放大的中心，也可以拖拉预览区域局部填满窗口②选取缩放工具并将鼠标移到图像窗口中，按住 Alt 键可以点击缩小图像；③可以通过键盘的 Ctrl+ 和 Ctrl- 进行放大和缩小图像；④选取缩放工具并将鼠标移到图像窗口中，点击右键选择不同的图像缩放功能。

使用抓手工具可以卷动图像。①当图像大于窗口时，可以用抓手在窗口中移动图像。②在使用其他工具时，按下空白键，可以变为抓手工具。

标尺的设定包括①可以在视图中显示 / 隐藏标尺。②双击图像上的标尺，可以改变标尺上的单位。③改变标尺的零点：单击标尺左上角的交汇处，通过拖动改变标尺的原点；双击左上角可以恢复零点位置。

可以从标尺上拖出参考线，然后移动到需要的位置，并且可以在视图中决定其他的参考线的操作，包括隐藏、紧贴、锁定、清除等，还可以在视图中显示和隐藏网格，以便精确定位。

在 Photoshop 中完成简单的图像编辑任务，包括复制整个文件，复制图像作为备份，以便和处理后的文件进行比较，或者重新开始处理。其步骤为：打开要复制的图像，执行图像中的复制命令，在对话框中输入复制图像的文件名，单击确定。增加画布的尺寸，便于扩展图像的处理空间。其步骤为：执行图像中的画布大小命令，在对话框中输入所需要扩大的尺寸，并选中其中的一个方格，决定图像的放置位置。

图像编辑还包括通过"变换"选择图像中的旋转画布的命令，以不同的角度和方向旋转和翻转图像。

Photoshop 具有强大的图像色彩调整功能，熟悉这些色彩调整指令对于图像的处理是非常重要的。

图像色彩调整主要包括：色阶调整指令、自动色阶调整指令、曲线调整指令、色彩平衡调整指令、亮度 / 对比度调整指令、色相 / 饱和度调整指令、去色调整指令、替换颜色调整指令、可选色彩调整指令、通道混合器调整指令、反相调整指令、色调匀化调整指令、阈值调整指令、色调分离调整指令、变化调整指令等。

在 Photoshop 8.0 以上版本中，新增加的"暗调 / 高光"调节功能，对于数码摄影中数码相机动态范围较小所造成的亮部和暗部细节的缺失有不错的补救效果，而且方便快捷。方法很简单：选择菜单中"图像"下面的"调整"下拉菜单，可以找到这一功能，向右调节阴影部分的滑杆，可以逐渐增加暗部的细节；向右调节高光部分的滑杆，可以逐渐显示高光所损失的细节，也可以边调节边确定最终效果。其中两者的高级调整部分，还包括调整范围的宽容度，调整半径的大小及对色彩的控制能力等。

Photoshop 8.0 以上版本还新增了照片滤镜，可谓是为摄影师量身定制的"摄影滤镜"，尤其适合于数码摄影的后期调整。这一滤镜提供了全套的色温转换滤镜、色温补偿滤镜及色彩补偿滤镜，可以模拟在拍摄时照相机镜头前安装整套柯达雷登滤色镜时所产生的色彩调整效果。这套滤镜位于菜单的"调整"下面，打开后选中任何一种滤镜，只有一个"浓度"调整参数，设置非常方便。

参考文献

[1] 罗伯特·凯普托.风景摄影 [M].唐洁，译.北京：中国摄影出版社，2007.

[2] 邢千里.中国摄影简史 [M].杭州：浙江摄影出版社，2020.

[3] 钱东升.中国高等院校摄影专业系列教材·肖像摄影 [M].上海：上海人民美术出版社，2011.

[4] 殷强，徐国武.世界摄影史 [M].沈阳：辽宁美术出版社，2010.

[5] 颜志刚.摄影技艺教程 [M] 第 4 版.上海：复旦大学出版社，2000.

[6] 唐东平.摄影画面语言 [M].杭州：浙江摄影出版社，2015.

[7] 钱元凯.摄影光学与镜头 [M].杭州：浙江摄影出版社，2020.

[8] 刘彩霞.数码摄影基础教程 [M].北京：人民邮电出版社，2016.

[9] 蒋维队.实用摄影教程 [M].重庆：重庆大学出版社，2014.

[10] 白炜，于静涛.摄影艺术与表现方法 [M].沈阳：辽宁大学出版社，2015.

[11] 李兰兰.浅析人像摄影中的拍摄和后期处理 [J].中国民族博览，2019（16）：172–173.

[12] 夏杨福.摄影构图平衡的视觉心理分析 [J].湖北美术学院学报，2014（03）：87–90.

[13] 肖燊.摄影与"美食"[J].北京观察，2016（06）：62–65.

[14] 娄世民，袁丁月.旅游摄影技巧分析 [J].现代装饰（理论），2013（09）：225.

[15] 王君洁.论摄影构图的要素和技巧 [J].美术教育研究，2013（02）：45.

[16] 邢向阳.美食摄影探讨 [J].武汉商业服务学院学报，2012，26（03）：89–90.

[17] 肖爽.浅谈艺术摄影用光技巧 [J].艺术科技，2013，26（03）：241–242.

[18] 李果. 浅析人物摄影构图 [J]. 群文天地，2011（18）：98-99.

[19] 沈秀珍. 摄影构图的技术形态及原则浅探 [J]. 科技信息，2011（07）：453，464.

[20] 陈慧琴. 试论摄影构图形式美的表现形式 [J]. 太原城市职业技术学院学报，2009（12）：137-139.

[21] 郎延昆. 试论风光摄影的创作风格 [D]. 上海：上海师范大学，2021.

[22] 张仪. 中国当代摄影艺术中的意境构建 [D]. 青岛：青岛大学，2019.

[23] 钟沛州. 中国当代摄影艺术中的文人画元素研究 [D]. 成都：四川师范大学，2018.

[24] 魏来. 摄影的绘画性思维 [D]. 开封：河南大学，2016.

[25] 范建华. 数码接片技法在风光摄影中的应用 [D]. 哈尔滨：哈尔滨师范大学，2015.

[26] 贾冉冉. 黑白摄影之独特艺术魅力 [D]. 大连：辽宁师范大学，2013.

[27] 邹佳. 浅谈景观摄影的形成与发展 [D]. 西安：西安美术学院，2013.

[28] 沈治国. 植物摄影的拍摄技巧研究 [D]. 杭州：浙江农林大学，2011.

[29] 孙羽盈. 解析黑龙江地区冰雪艺术摄影 [D]. 哈尔滨：哈尔滨师范大学，2011.

[30] 吴丹. 广告摄影视觉语言的运用研究 [D]. 南京：南京林业大学，2011.